石墨烯基单分散铁原子和多孔碳膜的构筑及其电催化应用

张会念　著

中国原子能出版社

图书在版编目（CIP）数据

石墨烯基单分散铁原子和多孔碳膜的构筑及其电催化应用 / 张会念著 .
—北京：中国原子能出版社，2022.10（2025.3 重印）

ISBN 978-7-5221-2205-2

Ⅰ.①石…　Ⅱ.①张…　Ⅲ.①石墨烯-研究
Ⅳ.①TB383

中国版本图书馆 CIP 数据核字（2022）第 194668 号

石墨烯基单分散铁原子和多孔碳膜的构筑及其电催化应用

出版发行	中国原子能出版社（北京市海淀区阜成路 43 号　100048）
责任编辑	蒋焱兰　张一岫
特约编辑	刘玉晓　蒋远涛
装帧设计	百熙广告
责任校对	冯莲凤
责任印制	赵　明
印　　刷	北京天恒嘉业印刷有限公司
经　　销	全国新华书店
开　　本	787 mm×1092 mm　1/16
印　　张	7
字　　数	120 千字
版　　次	2022 年 10 月第 1 版　2025 年 3 月第 2 次印刷
书　　号	ISBN 978-7-5221-2205-2　　　　定　价　75.00 元

网址：http://www.aep.com.cn　　　　E-mail：atomep123@126.com
发行电话：010-68452845　　　　　　版权所有　侵权必究

前　言

能源与环境是人类可持续发展的两大关键问题。经济的迅猛发展，加剧了能源消费和传统的化石资源（包括煤、石油、天然气等）的消耗，含碳资源在提供能源同时产生了大量的二氧化碳（CO_2），带来了全球变暖的严重威胁。因此，使用可再生的清洁能源将 CO_2 还原，实现其资源化利用，对于促进人类的可持续发展至关重要。电化学法还原 CO_2 具有环保、高效和投资较小等优势，近年来受到研究者广泛关注。高效的电催化剂是电化学法还原 CO_2 的最关键的因素，也是难点所在。石墨烯是由单层碳原子紧密排列而成的蜂窝状结构的二维原子晶体材料。石墨烯具有良好的化学稳定性、大的比表面积、良好的柔韧性、超高的机械强度、高的电子迁移率、优异的导热和导电性，在能量存储和电催化领域有广泛的应用前景。

本书以石墨烯为主要原料，采用不同的方法制备出石墨烯/单原子铁（Fe）新型催化材料及其高强度大面积载体，表征分析所合成材料的精细结构，构筑 CO_2 还原的催化电极，检测 CO_2 电化学还原的性能，揭示 CO_2 电化学还原的机理。

（1）为获得大面积的高强度的催化载体，采用了电化学辅助法铺展碳纤维束，并原位活化石墨烯/纤维素等方法，成功制备出碳纤维-石墨烯或碳纤维-石墨烯-多级孔活性炭的碳-碳复合膜材料。实验表明，大尺寸的石墨烯能够促进碳纤维束的展丝，能够固定展开的碳纤维丝成超薄膜材料，且能够保护碳纤维在热活化过程中不被强碱腐蚀。所合成的碳纤维-石墨烯-多级孔炭膜材料具有超高的机械强度

（5.3 GPa）、高柔性、高比表面积（831 m²/g），多级孔分布的孔径等特征。G-aC/CF 直接作为超级电容器电极，没有使用金属集流体，比容量达到 150 F/g。42 μm 厚度的 G/CF 膜呈现优良的电磁屏蔽性能：1.0~18.0 GHz 的微波频率范围内电磁屏蔽效能达 42~56 dB。石墨烯与碳纤维的结合，就像混凝土，碳纤维为钢筋似的结构支撑，石墨烯或石墨烯/活性炭为水泥似的功能化材料。结构与功能一体化膜材料的设计为石墨烯基电催化剂的未来工业化实验提供潜在的方案。

（2）合成了"竹节"碳管/石墨烯负载单分散铁原子的新型催化材料，具有 CO_2 电化学还原的高催化活性，实现了石墨烯上原位生长铁原子掺杂的碳管，讨论了石墨烯与碳管双负载单分散铁原子的协同催化作用。通过石墨烯膜阳极电化学氧化 1-丁基-3-甲基咪唑四氯化铁盐（$[Bmim]FeCl_4$）离子液，并进一步通过高温热处理含离子液的石墨烯膜，制备出单原子 Fe 掺杂的碳管/石墨烯复合催化剂（Fe-N-G/bC）。对比研究表明，Fe、N 原子共掺杂的"竹节"碳管的生长是由于 Fe_3C 纳米晶体的催化作用，石墨烯的存在避免了 Fe 纳米晶和 Fe_3C 纳米晶的混相产生。该催化剂具有优异的 CO_2 电催化还原活性。在电压－1.3 V（vs. SCE）时，一氧化碳（CO）的法拉第效率达 95.8%；该催化剂具有优良的稳定性，在－1.3 V 电压催化 12 h 后，CO 的法拉第效率基本保持不变。

（3）通过分子组装复合和程序化热处理，制备出 Fe 原子掺杂的"分子碳链"/石墨烯的新结构复合材料，具有 CO_2 电催化还原成 CO 的高性能。通过缓慢热处理在石墨烯表面的卟啉铁和三聚氰胺自组装并形成共价键，制备出了原子 Fe 含量为~1.44% 的"分子状的碳链"与石墨烯的杂化的准二维材料。通过同步辐射和双球差电镜电子能量损失谱分析，石墨烯负载的"分子碳链"具有 $Fe-N_x$ 精细微结构。在水系电解液中，该电催化剂能够高效率和高选择性地将 CO_2 还原为

CO，在过电压为 0.35 V 时，CO 的最高法拉第效率达到～97%，催化效率能够保持至少 24 h 不衰减。该催化剂优异的 CO_2 电化学还原性能归因于大量 $Fe-N_x$ 催化活性中心，良好的传质作用，大的比表面积，以及膜电极较高的机械强度。另外，通过在石墨烯/碳纤维复合膜表面原位引入原子 Fe 和 N 掺杂，制备出大面积的高强度柔性膜电极材料，为 CO_2 高效电还原的升级制备打下基础。

在本书编写过程中，王俊中研究员给予精心指导，衷心感谢！书中涉及的国内外同行相关研究内容均列出参考文献，在此表示感谢！感谢山西省应用基础研究计划和国家自然科学基金的资助！感谢中北大学能源动力工程学院和山西煤炭化学研究所碳材料重点实验室老师和同仁的大力相助！

由于作者水平有限，书中难免有疏漏之处，恳请专家和读者批评指正。

作　者

2022 年 9 月于太原

目　　录

第一章 绪 论

1.1 引言

全球能源需求将在未来几十年里急速增长。化石燃料作为不可再生的能源，其储量有限，所以人们力图发展多种可再生能源与新能源来降低对化石燃料的依赖。因此，如何提供清洁、可靠的能源来满足人类的能源需求是当今世界面临的重大问题之一。随着传统的煤、石油、天然气等不可再生能源的大量消耗，导致 CO_2 的过量排放，打破了碳循环的平衡，严重威胁全球环境。因此，化石能源消耗所带来的环境问题，如：极地冰盖融化、海洋水平面提高、土地沙漠化和海洋酸化等，已经引起了人们的广泛关注[1-2]。

综上，为实现可持续发展，缓解温室气体 CO_2 过量排放带来的负面影响，人们一方面积极寻找可再生的清洁能源，如风能、太阳能、潮汐能等；另一方面，寻求高效的电催化剂，实现 CO_2 的高效固定和转化，从而同时解决能源和环境两大热点问题[3]。

1.2 石墨烯简介

石墨烯是由碳原子以 sp^2 杂化方式紧密堆积成的具有六角形蜂窝晶格的二维晶体，是已知材料中最薄的、具有单层原子厚度以及开放平面结构的二维材料，是石墨、碳纳米管和富勒烯等的组成单元。石墨烯集合了优异的机械强度、导热性、透光性、导电性和化学稳定性于一身。单层石墨烯的本征机械强度极高，杨氏模量达 1 TPa，断裂强度达 130 GPa，是已知的最坚韧的材料；热导率最高，约为 5300 W/（m·K），是铜的 10 倍和硅的几十倍；其室温载流子迁移率达 $2.0×10^5$ cm²/（V·S），是硅的迁移率的 100 倍。石墨烯的导电性很好，能经受极高的电流密度，其化学稳定性与石墨一样好，耐高温、耐酸、耐碱、耐化学溶剂[4-7]。

1.3　石墨烯在电化学领域的应用

1.3.1　锂离子电池

传统锂离子电池所用的负极材料一般是碳基材料，如硬碳、石墨等。石墨作为锂离子电池的负极材料，理论比容量为 372 mAh/g，而用石墨烯作为锂离子电池的负极材料时，其理论比容量高达 744 mAh/g，这将极大地提高锂离子电池比容量。因此，在锂离子电池的应用方面，石墨烯展现出巨大的潜在商业价值[8-10]。

1.3.2　超级电容器

超级电容器是一种通过电极与电解质之间形成的界面双层来存储能量的新型元器件。它具有能量密度高、功率密度高、充放电速度快和使用寿命长等特点。其性能介于电池和传统电容器之间，已广泛应用于电子、机械、汽车、电力等领域。超级电容器分为双电层电容器[11] 和法拉第赝电容器[12-15]。一方面，石墨烯的巨大比表面积可以存储电荷，提供双电层电容；另一方面，石墨烯可以作为载体，通过负载某些电化学活性材料，提供赝电容[16-18]。柔性超级电容器中最关键的部分——柔性电极材料，要满足机械强度高、比表面积大和容量高的要求。石墨烯具有超高的比表面积、良好的化学稳定性、优异的机械强度和优异的电子导电性，是发展柔性超级电容器最理想的候选电极材料[19-20]。目前研究较多的石墨烯基柔性超级电容器分为 3 种：（1）石墨烯/导电聚合物基柔性超级电容器[21]；（2）石墨烯/金属氧化物基柔性超级电容器[22]；（3）石墨烯基全碳柔性超级电容器[23-24]。

1.3.3 CO₂ 电催化还原

CO_2 电催化还原是利用电能将 CO_2 高效地转化为一氧化碳、甲烷、甲酸、甲醇、乙烯和乙烷等燃料和化学品的过程。它具有法拉第效率高、选择性可控、反应装置简单以及工业应用潜能巨大的特点。完美的石墨烯电催化 CO_2 还原反应的活性很低。在石墨烯的合成或预处理过程中,研究人员将非金属杂原子(例如:N、S、P、B)或者过渡金属单原子(例如:Fe、Co、Ni、Cu)掺杂到石墨烯中/上,这些掺杂的杂原子能有效地改变石墨烯的结构和表面化学状态,成为反应物和中间物的结合位点,有效地提高石墨烯电催化 CO_2 还原的活性[25]。

1.4 CO₂ 电催化还原简介

CO_2 电催化还原是利用电能将 CO_2 高效地转化为一氧化碳、甲烷、甲酸、甲醇、乙烯和乙烷等燃料和化学品的过程。

1.4.1 CO₂ 电催化还原原理

CO_2 电催化还原是一个多步骤的反应,通常包含两电子、四电子或八电子的反应路径[26]。CO_2 还原反应通常发生在电极-电解液界面,电极是固体电催化剂,电解液通常是 CO_2 的饱和水溶液。该过程主要包括 5 个步骤:(1)CO_2 在电催化剂表面的化学吸附;(2)电子转移和/或质子迁移;(3)C-O 键断裂和/或 C-H 键形成;(4)产物的生成;(5)产物在电催化剂表面解吸并扩散到电解液中[27]。施加的电压极大地影响了 CO_2 电催化还原的最终产物,反应产物由多种含碳化合物组成,如:CO、$HCOO^-$、$HCOOH$、CH_4、C_2H_4、C_2H_5OH 和 CH_3OH 等[28-29]。从热力学的角度,CO_2 还原的平衡电位与析氢反应的平衡电位相当,正如反应(R1)~(R7)所示(电解液是 pH = 7,浓度为 1 mol/L 的 $KHCO_3$ 水溶液,参比电极是标准氢电极(SHE),25 ℃,1 个大气压),这符合水系电解液中 H_2 是 CO_2 电催化还原主要副产物的事实。更重要的是,生成不同还原产物所需热力学电压区别很小。因此，高选择性地将 CO_2 还原为目标产物是一个巨大的挑战。由于过电位的存在，CO_2 电催化还原所需要的实际电位要负于平衡电位[30]。

实际上，过电位（平衡电位和实际电位之间的差值）主要来自于 CO_2 还原的第 1 步。在如上所述的 5 步 CO_2 电催化反应中，反应（R8）中 CO_2 分子接受一个电子生成关键的中间物 $CO_2^{\cdot-}$。由于将一个线性分子重新排列成一个弯曲的自由基阴离子需要较高的能量，因此，反应（R8）发生在 -1.9 V（vs. SHE）[31]。$CO_2^{\cdot-}$ 是高度活性的，接下来的质子耦合多电子转移反应几乎瞬间发生。在实际的 CO_2 电催化反应池中，阳极同时产生氧气。通常采用只允许某些特定离子通过的质子交换膜将阳极和阴极隔开，阻止阴极 CO_2 还原产物被进一步氧化[32]。

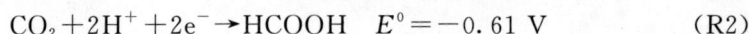

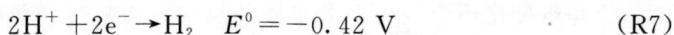

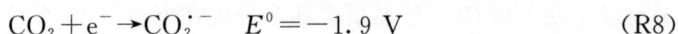

$$CO_2 + 2H^+ + 2e^- \rightarrow CO + H_2O \quad E^0 = -0.52 \text{ V} \tag{R1}$$

$$CO_2 + 2H^+ + 2e^- \rightarrow HCOOH \quad E^0 = -0.61 \text{ V} \tag{R2}$$

$$CO_2 + 4H^+ + 4e^- \rightarrow HCHO + H_2O \quad E^0 = -0.51 \text{ V} \tag{R3}$$

$$CO_2 + 8H^+ + 8e^- \rightarrow CH_4 + 2H_2O \quad E^0 = -0.24 \text{ V} \tag{R4}$$

$$2CO_2 + 12H^+ + 12e^- \rightarrow C_2H_4 + 4H_2O \quad E^0 = -0.34 \text{ V} \tag{R5}$$

$$CO_2 + 6H^+ + 6e^- \rightarrow CH_3OH + H_2O \quad E^0 = -0.38 \text{ V} \tag{R6}$$

$$2H^+ + 2e^- \rightarrow H_2 \quad E^0 = -0.42 \text{ V} \tag{R7}$$

$$CO_2 + e^- \rightarrow CO_2^{\cdot-} \quad E^0 = -1.9 \text{ V} \tag{R8}$$

1.4.2 CO_2 电催化还原优点和面临的难题

CO_2 电催化还原已经引起了来自工业界和学术界的广泛兴趣。该反应的优点有：（1）只消耗水和温室气体 CO_2 就能制备出高附加值的燃料和化学品，并且电解液能够循环利用；（2）使用可再生资源产生的电能还原 CO_2 时，不会额外生成 CO_2；（3）该反应能够在常温常压下进行；（4）通过调整外部参数（例如外加电压），可以很容易地控制反应过程；（5）电催化反应系统模块化，便于其大规模应用[33]。尽管研究人员对 CO_2 电催化还原进行了广泛而深入的研究，然而，到目前为止所报道的催化剂离实际应用仍相距甚远。CO_2 电催化还原主要面临的难题有：（1）形成 $CO_2^{·-}$ 中间物需要很高的过电位，还原过程能量效率很低；（2）CO_2 还原动力学和传质过程缓慢，反应速率低；（3）CO_2 还原通常得到气体和液体混合产物，产物分离成本高；（4）在还原过程中，反应中间物、副产物和杂质会堵塞或毒化催化活性位点，引起催化剂严重失活。目前报道的电催化剂寿命一般低于 100 h；（5）水溶液中的 CO_2 还原与析氢反应（HER）是竞争关系，并且 HER 发生在更低的电压下，极大地影响 CO_2 电催化还原产物的法拉第效率和选择性；（6）CO_2 电催化还原产物多样且具有多重的电子和质子耦合步骤，比 HER、析氧反应（OER）和氧还原（ORR）更复杂。因此，揭示 CO_2 电催化还原的基本原理和反应的基元步骤非常困难。总之，理想的 CO_2 还原电催化剂应该具有以下特征：过电位低、电流密度高、稳定性好，目标产物选择性高以及能有效抑制 HER。

1.4.3 CO_2 电催化还原催化剂

CO_2 是非极性、对称的直线形分子结构，其中 C 原子与两个 O 原子生成了两个 3 中心 4 电子离域的大 π 键，其结构决定了 CO_2 是强电子受体、弱电子供体。因此，可以将 CO_2 作为氧化剂夺取其他分子的电子或者为其输入电子使惰性的 CO_2 分子活化。活化 CO_2 分子所需的能量主要来源于高温或其他活泼原料的化学能，如热法 CO_2 加氢还原、CO_2 甲烷重整反应等。传统的热法催化还原 CO_2 往往需采用高温、高压和催化剂，从经济和能源角度考虑，在温和反应条件下采用电化学方法还原 CO_2 具有更大的发展潜力和应用前景[34]。CO_2 还原的电催化剂分为均相催化剂和多相催化剂[35]。典型的均相电催化剂是溶解在电解液中具有独特活性中心的有机物或金属有机分子[31]。自 20 世纪 70 年代起，均相电催化剂由于其特殊的分子结构，优异的产物选择性而被广泛研究。然而，均相电催化剂存在成本高、有毒、回收困难的缺陷，阻碍了其工业化。最近几年，无机多相电催化剂由于合成容易、环境友好、效率高且具有大规模应用的潜力，引起了研究人员的广泛兴趣。

无机多相电催化 CO_2 还原材料（图 1.1[1]）主要分为：贵金属（Au、Ag、Pt 等）[36-40]、非贵金属（Cu、In、Sn 等）[41-44] 及氧化物（SnO_2、Co_3O_4

等)[45-49] 和过渡金属硫属化合物（MX_2，$M＝Mo$，W；$X＝S$，Se，Te）[50] 几类。而具有优异 ORR、电解水性能的碳材料（石墨烯、碳纳米管等）报道较少。这类催化剂往往具有与金属催化剂相似的电催化反应活性、成本低廉，值得研究和关注。

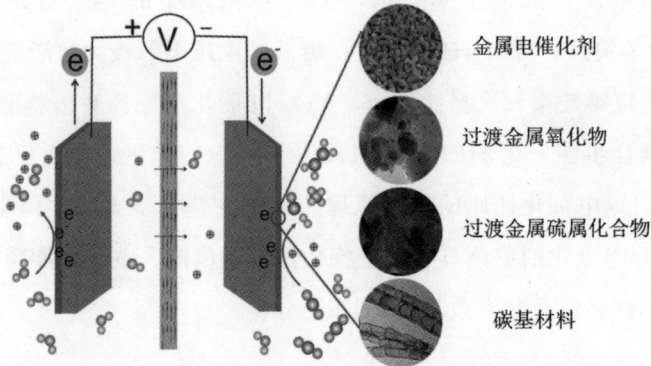

图 1.1　电化学 CO_2 还原的反应单元图解和四类催化剂

1.4.4　石墨烯基 CO_2 还原电催化剂研究现状

1.4.4.1　杂原子掺杂的石墨烯作为 CO_2 还原电催化剂

杂原子掺杂的石墨烯电催化 CO_2 还原已经取得了一些非常吸引人的结果。完美的石墨烯电催化 CO_2 还原反应的活性很低。在石墨烯的合成或预处理过程中，研究人员将非金属杂原子（例如：N、S、P、B）或者过渡金属单原子（例如：Fe、Co、Ni、Cu）掺杂到石墨烯中/上，能有效地改变石墨烯的结构和化学状态，改变作为 CO_2 还原活性位点的碳原子上的电荷自旋密度。

（1）氮掺杂石墨烯（N-G）

Wu 等人[25] 以甲烷为前驱体，利用气相化学沉积法在泡沫镍基底上制备了三维（3D）石墨烯泡沫，然后将此泡沫与 C_3N_4 复合，经过高温处理并刻蚀掉泡沫镍基底，得到氮掺杂的 3D 石墨烯泡沫（N-G）。此 N-G 催化剂能够高效、稳定、高选择性地将 CO_2 电催化还原为 CO（图 1.2[25]），且具有较低的起始还原过电位（-0.19 V）。相较于 Au 和 Ag，N-G 表现出更加优异的性能，能在更低的过电位（-0.47 V）下获得～85％的法拉第效率，可以连续使用至少5 h。实验和密度泛函理论计算表明，吡啶 N 吸附中间物种 COOH*，是生成 CO 的活性位点。

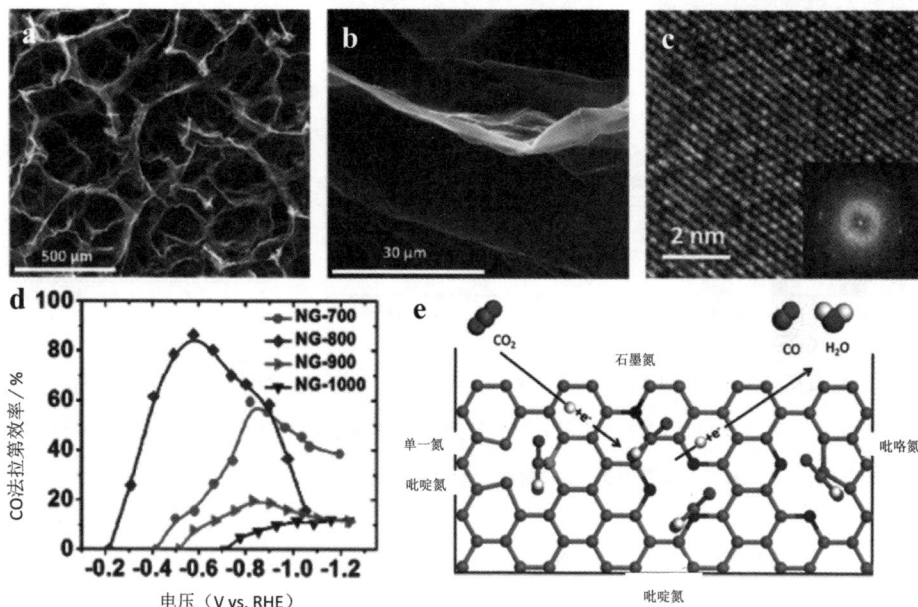

图 1.2 N-掺杂 3D 石墨烯泡沫的物理表征：（a）SEM 照片，（b）NG-800 片高分辨 SEM 照片，（c）NG-800 高分辨 TEM 图，插图是 FFT 形式；（d）NG 在 700 ℃～1000 ℃ 内 CO 法拉第效率与电压关系图，（e）N 结构和 CO_2 还原路径示意图

　　尽管大部分氮掺杂石墨烯催化 CO_2 还原的产物为 CO，但 Wang 等人[51] 利用高温热解氧化石墨烯和三聚氰胺的复合物，制备了氮掺杂石墨烯（N-G）（图 1.3[51]），在 0.5 M $KHCO_3$ 水溶液中，该催化剂能够选择性地将 CO_2 还原为甲酸。掺杂氮原子的数量和结构，尤其是吡啶氮，是影响 CO_2 还原活性和选择性的主要因素。从线性扫描伏安曲线（LSV）可以看出，N-G 在-0.3～-1 V（vs. RHE）的电压范围内具有明显的 CO_2 还原活性。在适当的电压下（-0.84 V vs. RHE），N-G 能够连续 12 h 保持较高的甲酸选择性（最大甲酸法拉第效率为 73％）。

　　（2）硼掺杂石墨烯（B-G）

　　Phani 等人[52] 研究了硼掺杂石墨烯（B-G）在 0.1 M $KHCO_3$ 水溶液中电

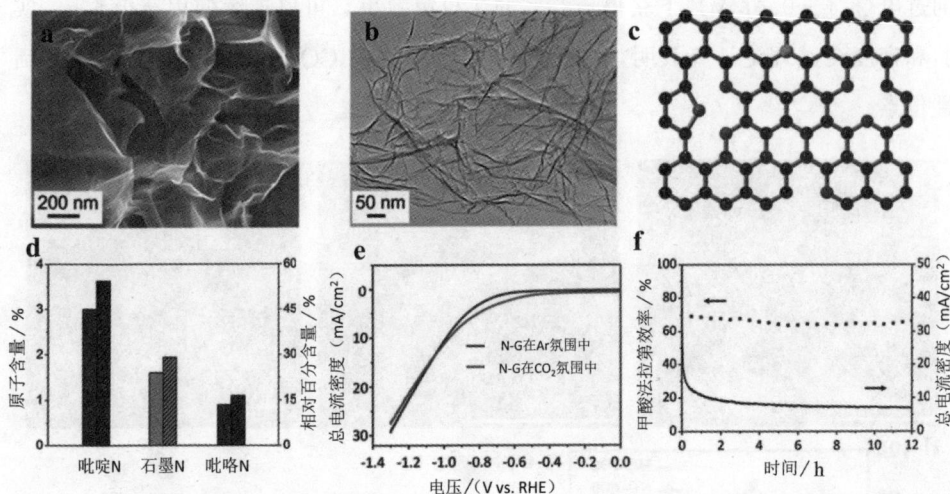

图 1.3 N-石墨烯的 (a) SEM 照片和 (b) TEM 图片, (c) N-石墨烯中 N 结构图, (d) N-石墨烯中 N 的统计含量和相对百分含量, (e) 扫描速度为 15 mV/s 时, N-石墨烯在 Ar 和 CO_2 饱和的 0.5 M $KHCO_3$ 溶液中的 LSV 曲线, (f) 在 -0.84 V 时, N-石墨烯的稳定性测试

催化 CO_2 还原的性能。该 B-G 在 -1.4 V (vs. SCE) 时, 产生甲酸的法拉第效率达到 66%。DFT 计算表明, 硼掺杂到石墨烯中, 引起与硼原子相邻的碳原子上电子自旋密度的不对称, 有利于催化 CO_2 还原为甲酸。

显然, 通过杂原子掺杂, 能够有效地调节石墨烯的结构、导电性、物化性能, 充分发挥其电催化 CO_2 还原的潜能。

1.4.4.2 石墨烯负载贵金属作为 CO_2 还原电催化剂

在 CO_2 还原反应中, 一般体相金属的活性较低, 过电位较高, 恶劣的催化环境会大大降低其催化性能。负载型金属催化剂具有优良的催化性能, 如高活性、高选择性或二者兼顾。负载型金属催化剂的高活性归因于在高比表面积的载体上高度分散的金属活性组分。金属纳米颗粒/团簇具有极高的表面能, 在其制备及反应过程中极易烧结团聚而导致催化剂失活, 因此寻找能够实现金属纳米颗粒/团簇稳定分散的载体变得尤为重要。石墨烯具有高比表面积、高导电性、独特的结构特点, 使其成为一种性能优良的催化剂载体。

（1）Au 基/石墨烯纳米催化剂

Rogers 等人[53] 将 Au 纳米粒子（AuNPs）嵌入采用"自下而上"方法合成的石墨烯纳米带（GNR）中，并研究了其 CO_2 电催化还原性能（图 1.4[53]）。结果表明，GNR 的结构和电子特性能够增加 AuNPs 的电化学活性表面积，将 CO_2 还原的过电位降低几百毫伏（催化起始电压 >-0.2 V vs. RHE），提高了 CO 的法拉第效率（$>90\%$）和催化稳定性（催化剂稳定运行超过 24 h）。此工作通过改变电催化 CO_2 还原为 CO 的决速步，改变了纳米粒子表面的电催化机理。

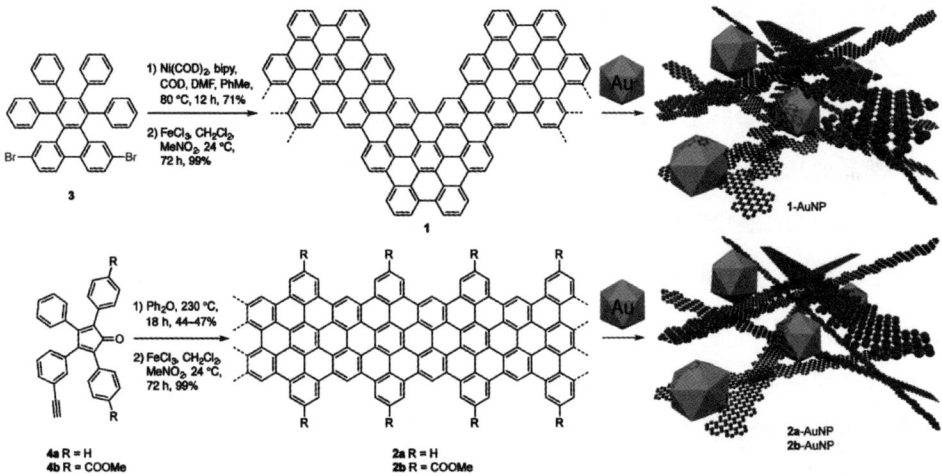

图 1.4 设计和自下而上合成 GNR-AuNP 复合材料的示意图

（2）Pt 基/石墨烯纳米催化剂

Ensafi 等人[54] 先在玻碳电极表面上修饰氮掺杂的还原氧化石墨烯（rNGO/GCE），然后在 rNGO/GCE 上电沉积 Pt，得到 Pt@rNGO/GCE 催化剂。该催化剂在 0.1 mol/L KNO_3 溶液中还原 CO_2 的最佳条件是：电压为 -0.3 V（vs. Ag/Cl），pH 为 2.0。^{13}C NMR 检测结果表明，甲醇是唯一的还原产物。在最优反应条件下，20 mL 溶液中能产生 3.3 mmol/L 的甲醇，法拉第效率达到 42%。

1.4.4.3 石墨烯负载非贵金属作为 CO_2 还原电催化剂

（1）Cu 基/石墨烯纳米催化剂

Li 等人[55] 在富含吡啶氮的石墨烯（p-NG）基底上组装单分散 Cu 纳米粒

子形成 p-NG-Cu。结果表明，在 0.5 mol/L KHCO$_3$ 溶液中，p-NG-Cu 可以电催化还原 CO$_2$ 生成 C$_2$H$_4$。C$_2$H$_4$ 的选择性与负载 Cu 纳米颗粒的数量和大小密切相关。纯的 p-NG 在 -0.9 V（vs. RHE）能将 CO$_2$ 催化还原为甲酸（甲酸法拉第效率 65%，碳氢化合物选择性 100%）；当以 p-NG-Cu 为催化剂时，吡啶 N 作为 CO$_2$ 和质子的吸附位点，促进了 CO$_2$ 在 Cu 粒子表面的加氢和碳-碳耦联反应，生成了 C$_2$H$_4$。当直径为 7 nm 的 Cu 颗粒与 p-NG 以质量比为 1：1 复合时，在 -0.8 V（vs. RHE）的电压下，CO$_2$ 还原为甲酸的法拉第效率为 62%，碳氢化合物选择性 97%；在 -0.9 V（vs. RHE）的电压下，C$_2$H$_4$ 的法拉第效率和碳氢化合物的选择性分别达到 19% 和 79%，此 p-NG-Cu 催化剂对 C$_2$H$_4$ 的选择性优于其他 Cu 基催化剂。此工作提高了 Cu 纳米粒子电催化还原 CO$_2$ 生成能源和化学品的活性和选择性。Geioushy 等人[56] 研究了石墨烯上负载直径为 20～50 nm Cu$_2$O 的催化剂（Cu$_2$O/GN）在 CO$_2$ 饱和的 0.5 mol/L NaHCO$_3$ 电解液中的电催化 CO$_2$ 还原性能。Cu$_2$O/GN 电极比 Cu$_2$O 电极具有更高的催化活性，当电压为 -1.7 V（vs. Ag/AgCl）时，电流密度达 12.2 mA/cm^2，而 Cu$_2$O 电极电流密度仅为 8.4 mA/cm^2。当电压为 -0.9 V 时，气质联用仪检测到乙醇是主要的液体产物，法拉第效率大概为 9.93%，产量～$0.34×10^{-6}$。结果表明，在 CO$_2$ 电化学还原中，石墨烯是很有前途的载体材料。

（2）Mo 基/石墨烯纳米催化剂

Li 等人[57] 在聚酰亚胺修饰的还原氧化石墨烯基底上电沉积无定型 MoS$_x$ 制备得到 rGO-PEI-MoS$_x$（图 1.5）。由 TEM 和 SEM 图片可知，该催化剂中 MoS$_x$ 纳米粒子的直径为 17 nm ± 3 nm。在 CO$_2$ 饱和的 NaHCO$_3$ 水溶液中，rGO-PEI 修饰的玻碳电极在电压为 -0.85 V 时，只有 H$_2$ 产生（法拉第效率～93%）；rGO-MoS$_x$ 修饰的玻碳电极在电压为 -0.65 V 时，H$_2$ 也是唯一产物（法拉第效率～95%）。rGO-PEI-MoS$_x$ 修饰的玻碳电极在过电位为 140 mV 时电催化还原 CO$_2$ 生成 CO；在过电位为 540 mV 时，能够高效率和高选择性地将 CO$_2$ 催化还原生成 CO，CO 法拉第效率达 85.1%，TOF 值达到 2.4 s^{-1}；在过电位为 290 mV 时，产物中检测到了合成气（CO/H$_2$）。将此催化剂沉积在高比表面积的多孔碳布上，在同样的电压下，电流密度高达 50 mA/cm^2。因此，

MoS_x 和 PEI 的协同作用是 rGO-PEI-MoS_x 优异催化性能的来源。

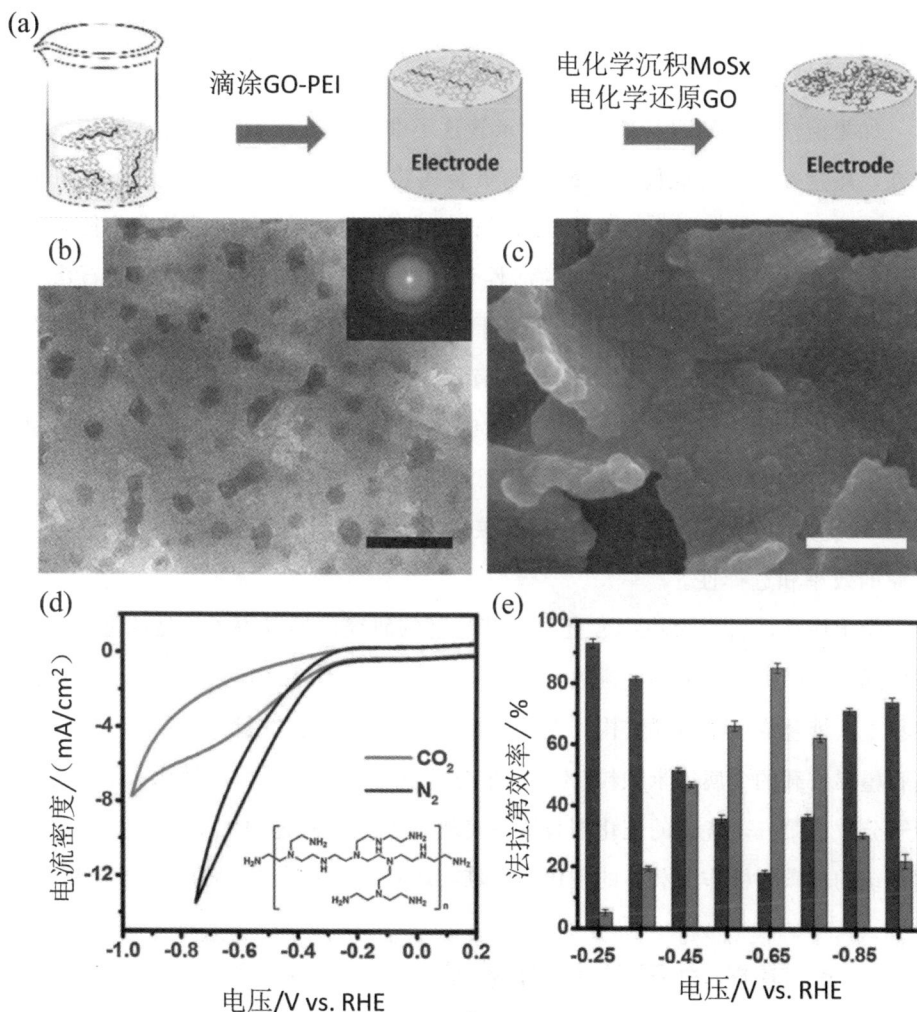

图 1.5 （a）制备 rGO-PEI-MoS_x 修饰电极的示意图，rGO-PEI-MoS_x 的 TEM（b）和 SEM 图片（c），（d）rGO-PEI-MoS_x 修饰玻碳电极在 N_2 和 CO_2 饱和 0.5 mol/L $NaHCO_3$ 溶液中的 CVs 扫描，（e）CO（红色）和 H_2（蓝色）的法拉第效率与电压关系图

（3）双金属/石墨烯纳米催化剂

Liu 等人[58] 利用硼氢化钠还原含有金属前驱体盐的氧化石墨烯溶液制备得到 Pd-Cu/石墨烯催化剂。Pd-Cu 纳米粒子均匀地分散在石墨烯上，颗粒大小为 8～10 nm，该催化剂能够有效地抑制 HER 反应，具有稳定的 CO_2 还原活性，

在电压为-1.3 V（vs. Ag/Cl）时，电流密度达到 2.8 mA/cm^2。

1.4.4.4　石墨烯基全碳材料作为 CO_2 还原电催化剂

如果能清楚地阐明石墨烯/碳纳米管这类非金属催化剂的催化活性位点和选择性，用这类材料去取代价格昂贵的贵金属将会非常地节约成本[59-60]。Chai 等人[61] 利用密度泛函理论和分子动力学计算表明，N 掺杂和碳管的曲率能够有效地调节石墨烯/碳纳米管催化剂的活性和选择性。对于石墨 N 掺杂的石墨烯边缘，CO_2 的活化能为 0.58 eV，而没有掺杂石墨烯的活化能为 1.3 eV。没有曲率的石墨烯催化剂对 CO/HCOOH 具有很强的选择性；具有很高曲率的（6,0）碳纳米管则有利于生成 CH_3OH 和 HCHO。碳管曲率也能调节生成产物的过电位。例如生成 CO 的过电位从 1.5 V 变为 0.02 V 时，生成 CH_3OH 的过电位从 1.29 V 变为 0.49 V。因此，石墨烯/碳纳米管复合材料能够有效调节 CO_2 催化还原的效率和选择性。

综上所述，石墨烯基 CO_2 还原电催化剂的研究已经取得了长足的进步，然而在实际应用中仍然面临一些挑战。第一，因为石墨烯片层间的 π-π 相互作用使其容易重新堆叠成三维石墨结构。大规模制备 2D 石墨烯存在挑战。第二，进一步提高石墨烯负载的金属纳米颗粒/团簇的催化活性位点是个巨大的挑战，除非达到单原子分散。第三，优良的催化剂载体是实现 CO_2 电催化还原大规模应用必要因素。用传统的玻碳电极作为载体的催化剂很难实现 CO_2 电催化还原的大规模应用。

1.5　金属单原子催化剂简介

"单原子催化"的概念最早可以追溯到 2011 年，由 Zhang 及其合作者提出[62]。单原子催化剂（SACs）只含有在载体上孤立分散的金属原子。位于载体上的孤立金属原子和其临近原子或者其他官能物种组成活性位点。相较于传统纳米催化剂的复杂结构和组成，SACs 是负载型金属催化剂分散的极限。单原子催化剂兼具均相催化剂均匀单一的活性中心和多相催化剂结构稳定易分离的特点，将多相催化与均相催化联系在一起。单原子催化剂在电催化领域已经被广泛研究。它们具有高催化活性、稳定性、选择性，其原子分散的均一活性位可使金属原子利用率达到 100％[63]。

1.5.1 石墨烯负载金属单原子催化剂的制备

当金属粒子减小到单原子水平时，比表面积急剧增大，导致金属表面自由能急剧增加，在制备和反应时极易发生团聚耦合形成大的团簇，从而导致催化剂失活，这是制备单原子催化剂所面临的巨大挑战。研究表明，金属单原子和载体间的强烈相互作用保证了孤立金属原子在载体表面的高度分散。优化载体、前驱体和合成步骤是合成高性能 SAC 的关键。已知的单原子催化剂载体中，石墨烯因为具有良好的二维（2D）结构、高比表面积、高电子导电性、良好稳定性和易于被掺杂改性等特性，使其成为一种性能优良的催化剂载体[25,55,61,64]。金属单原子易于锚定在自然或化学形成的石墨烯空穴中。已报道的在石墨烯上负载金属单原子的方法有：原子层沉积（ALD）[65-66]、光化学[67]、高速球磨[68]和高温热解法[69] 等。ALD 虽然能够精确控制 SAC 的形成，但是该方法通常涉及昂贵的设备而且产率较低，不利于大规模生产；高速球磨法制备方法简单，但是所制催化剂中单原子的含量较低；高温热解法操作简单，能够大规模制备，但无法精确控制单原子落位，避免金属纳米颗粒的产生。

1.5.2 石墨烯负载金属单原子电催化 CO_2 的研究现状

虽然贵金属（Au、Ag、Pt）具有很好的 CO_2 电催化还原性能[36-40]，但其成本高、回收困难以及易毒化等特点限制了它们的大规模应用。过渡金属（Fe、Co、Ni、Cu 等）在地球中含量丰富，价格便宜，也具有很好的 CO_2 电催化还原性能，因而备受关注[41-44]。与传统的催化剂相比，单原子催化剂在明显降低金属用量的情况下，能够达到更高的比活性[70]。N 等掺杂物的引入，能够在石墨烯中/上造成缺陷，显著增加石墨烯上金属单原子的含量。此外，N 原子和金属之间强烈的相互作用促进了金属原子在石墨烯上的分散。

（1）石墨烯负载的单原子镍催化剂

Su 等人[71] 在惰性气氛中 900 ℃热处理五乙烯六胺-Ni 和氧化石墨烯的复合物 1 min，得到 Ni 和 N 修饰的石墨烯（Ni-N-Gr）。该 Ni-N-Gr 催化剂具有原子级别的 Ni-N 结构，展现出超高的 CO_2 电催化还原活性和 CO 选择性。Ni-N-Gr 在 -0.2 ~-0.9 V（vs. RHE）的电压范围内，CO 的法拉第效率超过 90%。当工作电极的电压为 -0.65 V（vs. RHE）时，在 CO_2 饱和的 $KHCO_3$ 溶液中稳定反应 5 h，阴极电流和 CO 法拉第效率保持不变。Jiang 等人[72] 引进 3D 原子探针层析技术（APT）直接鉴定石墨烯空穴位上的 Ni 单原子位点（图 1.6）。NiN-GS 电催化还原 CO_2 生成 CO 的法拉第效率超过 90%，电流密度达到 ~ 60 mA/g。理论计算表明，不同的电子结构的 Ni 原子位点能够显著地降低 CO_2 活化位垒，降低与 CO 的键合能，易于 CO 的释放，抑制竞争性的析氢反应，促进 CO_2 转换为 CO。

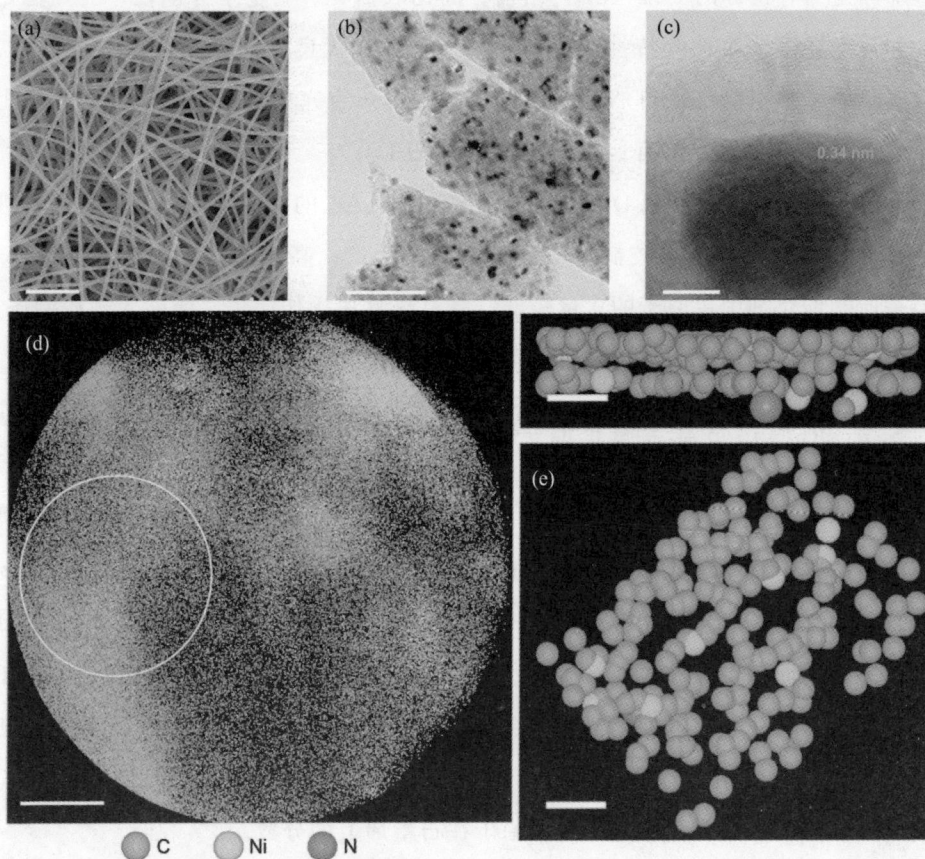

图 1.6　NiN-GS 催化剂的表征：（a）碳化的电喷射聚 NFs 的 SEM 照片，（b）球磨的 NiN-GS 催化剂的 TEM 照片，（c）被石墨烯包覆的 Ni 纳米粒子的 STEM 照片，（d）NiN-GS 的 2D 原子地图，（e）Ni 单原子在空穴中协调的石墨烯层的侧视图（上）和俯视图（下）

Yang 等人[69] 通过热处理三聚氰胺、L-丙氨酸或 L-半胱氨酸和醋酸镍的混合物，制备了单原子 Ni 掺杂的石墨烯，作为高效的 CO_2 还原电催化剂（图1.7）。该单原子 Ni 催化剂展现出超高的 CO_2 还原活性和稳定性。综合运用原位 X-射线吸收光谱，XRD 和 XPS 等技术证明，CO_2 分子的电化学活化和还原在低化合价的 Ni（Ⅰ）位点上进行。该催化剂在过电位为 0.61 V 时，催化 CO_2 还原生成 CO 的质量电流密度和 TOF 值分别达到 350 A/g 和 14 800 h^{-1}，法拉第效率为 97%。在稳定运行 100 h 后，法拉第效率仍然能保持在 97%。

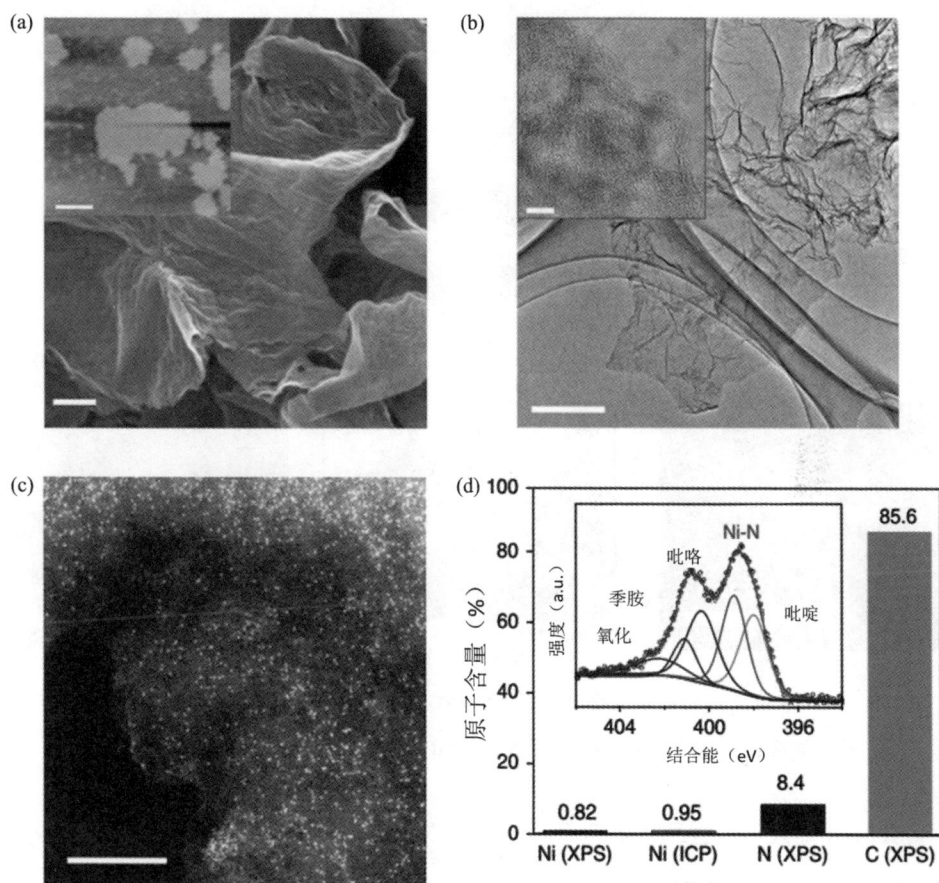

图 1.7　单原子 Ni 分散在 N 掺杂石墨烯上的结构表征

（2）石墨烯负载的单原子铁催化剂

Zhang 等人[73] 以氧化石墨烯（GO）为前驱体，在 Ar/NH$_3$ 气氛中 700 ℃ ～800 ℃ 热处理 GO 和 FeCl$_3$ 的混合物，通过 N 的键合，使 Fe 原子固定在石墨烯上，形成了 Fe/NG（图 1.8）。该方法能够在石墨烯上锚定较高含量的 Fe 原子，且不会产生大的 Fe 基纳米晶体。该 Fe/NG 在较低的过电位下，CO 的法拉第效率能够达到 80%。

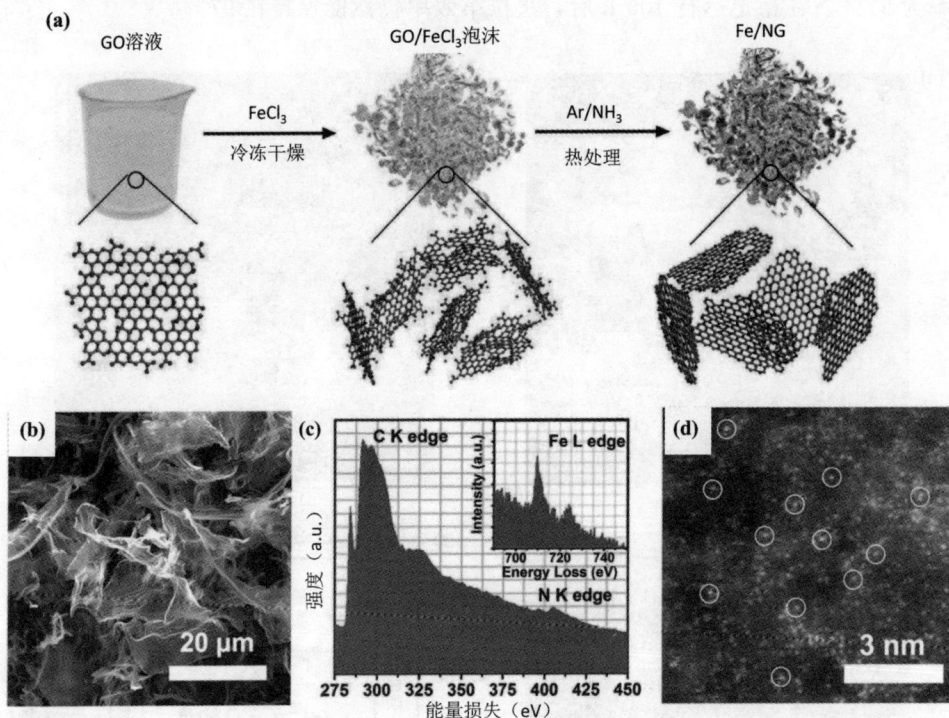

图 1.8　Fe/NG 催化剂的合成过程示意图；Fe/NG-750 的物理和形貌表征：（b）SEM 照片，（c）电子能量损失光谱（EELS）原子光谱，（d）高分辨球差校正 HAADF-STEM 照片

Huan 等人[74] 通过热处理 Fe-，N-和 C-包含的前驱体制备了一系列 Fe 基催化剂，并用于水溶液中电化学还原 CO$_2$（图 1.9）。结果表明，孤立的 FeN$_4$ 位点和 Fe 基纳米粒子的比例影响 CO$_2$ 还原和质子还原的选择性。调整 FeN$_4$ 和 Fe 基纳米粒子的比例，可以生成比例可控的 CO/H$_2$ 混合物。当催化剂中只含有 FeN$_4$ 位点时，在较低的过电位下，CO 的法拉第效率超过 90%。

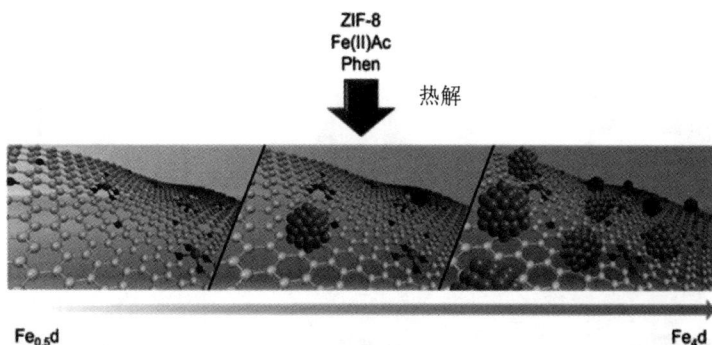

图 1.9　通过热解获得的各种 Fe-N-C 材料的示意图，Fe 纳米粒子的数量随 Fe 的负载量的增加而增加，Fe 原子用红色表示，C 原子用灰色表示，N 原子用蓝色表示

（3）石墨烯负载的单原子钴催化剂

Wang 等人[75] 通过热处理双金属 Co/Zn 分子筛咪唑（ZIF）前驱体制备了 N 掺杂的多孔碳负载的原子 Co 催化剂（图 1.10）。热解温度可以控制单原子 Co 与 N 的配位数。研究表明，原子分散的 Co 与两个 N 原子配位能够达到最好的催化性能。在过电位为 520 mV 时，电流密度达到 18.1 mA/cm^2，CO 的法拉第效率为 94%。生成 CO 的 TOF 值达到 18 200 h^{-1}。这一结果超过了同等条件下已知的大多数金属基催化剂。理论和实验结果证明，更低的配位数有利于活化 CO_2 生成 $CO_2^{·-}$ 中间物。

（4）石墨烯负载的双金属原子催化剂

Li 等人[76] 利用密度泛函理论和微观动力学计算证明，负载在石墨烯上，同时临近伴有一个空位的过渡金属二聚物（Cu_2，CuMn 和 CuNi）（标记为 XY@2SV），具有更好的 CO_2 电催化还原活性、更低的过电位和更高的电流密度（图 1.11a）。其中，Cu_2@2SV 催化 CO_2 生成 CO 的活性不同于体相 Cu，其活性类似于 Au 电极。MnCu@2SV 选择性生成 CH_4。NiCu@2SV 中由于 Cu 和 Ni 亲氧性能的不同有利于生成 CH_3OH。这类催化剂具有产物选择性好，分散性高以及过电位低的特点，将激励更多的实验工作者去探索石墨烯基材料用于 CO_2 转化。计算表明，金属掺杂、类卟啉石墨烯是潜在的良好 CO_2 还原催化剂[77]。与体相金属态密度呈现的宽峰不同，该类催化剂的态密度表现出类似原子的尖峰（图 1.11（b），（c）），这将产生类均相催化的行为。

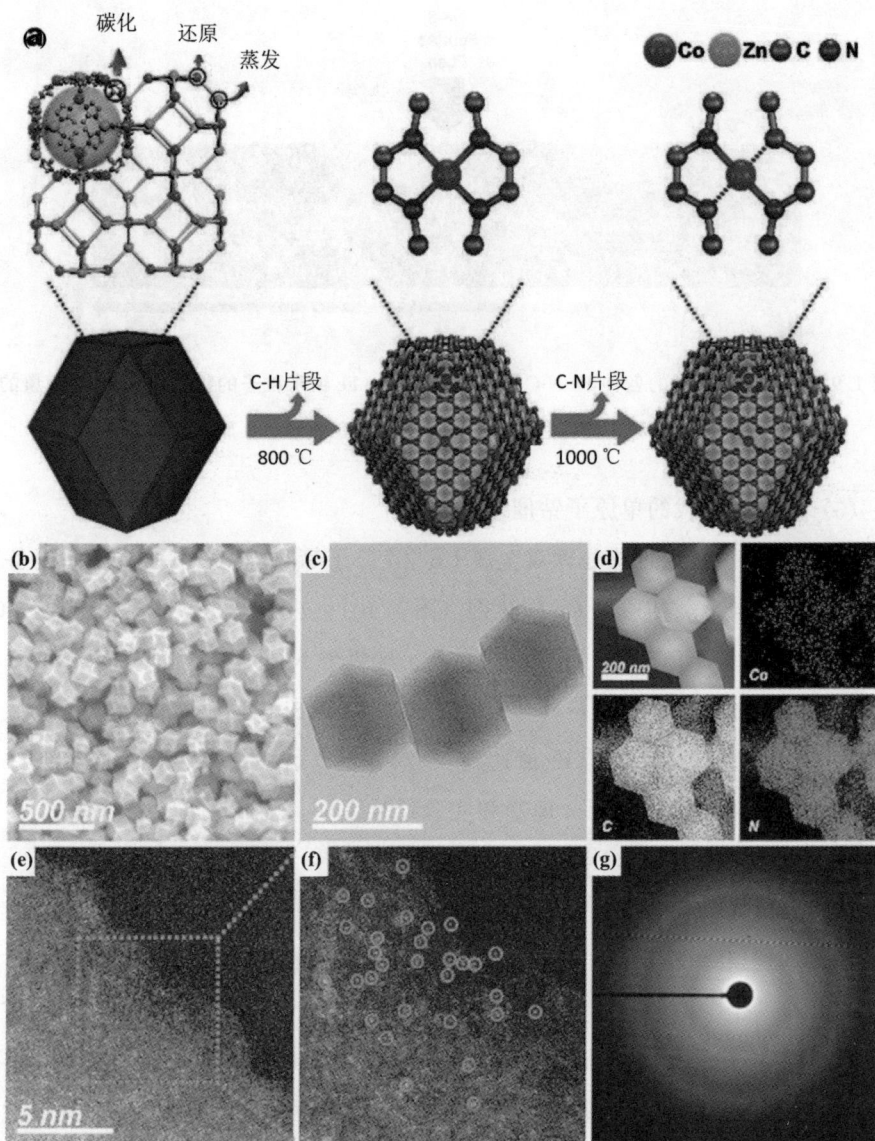

图 1.10　（a）Co-N₄ 和 Co-N₂ 的形成过程，Co-N₂ 的 （b）SEM 和 （c）TEM 照片，（d）相应的 EDS 检查揭示了 Co 和 N 在碳支撑体上的均匀分散，（e）～ （f）Co-N₂ 的放大 HADDF-STEM 照片显示了原子态分散的 Co 原子，（g）Co-N₂ 相应的 SAED 图案

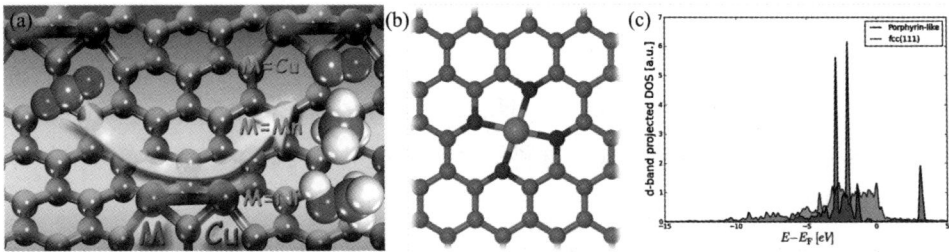

图 1.11 （a）XY@2SV 的结构示意图，（b）类卟啉官能化石墨烯的原子结构，（c）卟啉环中心 Pt 原子的 d 轨道和 Pt（111）表面的 Pt 表面原子的态密度的比较

1.6 选题的依据及主要研究内容

非金属杂原子掺杂的石墨烯、贵金属/石墨烯和非贵金属/石墨烯复合材料在 CO_2 电催化还原中都能够表现出较好的活性、选择性和稳定性。然而，持续增加石墨烯负载的金属催化活性位点依然存在巨大的挑战。单原子分散的均一活性位可使金属原子利用率达到最大。金属单原子的催化活性比金属纳米簇或某些纳米粒子的原子经济性更高。将单分散金属原子分散到石墨烯的骨架上/中，能显著提高活性中心的分散度，提高单位面积上活性中心的数量。然而，石墨烯负载的金属单原子催化剂在 CO_2 电催化还原研究报道较少。

从多相催化中催化剂的活性位点经过催化剂的单晶、纳米尺度聚集体到加工成型，再到工业化的装置，整个过程跨越了非常大的空间尺度，使得研究多相催化不仅需要考虑科学上问题，还需要考虑实际工业应用问题。例如催化剂的成型、高强度回收等，因此具有质量轻、柔性好、机械强度高、导电性好等优良性能的载体成为工业 CO_2 电催化领域的热点。

基于以上分析，本书的具体研究内容包括以下几个方面。

（1）为获得大面积的高强度的催化剂载体，以电化学剥离法制备的石墨烯、碳纤维束和微晶纤维素为原料，采用电化学辅助法、原位高温活化等技术，成功制备出碳纤维-石墨烯或碳纤维—石墨烯—多级孔活性炭的碳-碳复合膜材料。结构与功能一体化膜材料的设计为石墨烯基电催化剂的未来工业化实验提供潜在的方案。

（2）以电化学剥离法制备的石墨烯、三聚氰胺和1-丁基-3-甲基咪唑四氯化Fe盐为原料，采用电化学氧化、高温热处理等方法，制备出"竹节"碳管/石墨烯负载单分散铁原子的新型催化材料，讨论了石墨烯与碳管双负载单分散铁原子的协同催化作用。

（3）以电化学剥离法制备的石墨烯、三聚氰胺和卟啉铁为原料，通过分子组装复合和程序化热处理，制备出Fe原子掺杂的"分子碳链"/石墨烯的新结构复合材料，具有CO_2电催化还原成CO的高性能。另外，通过在石墨烯/碳纤维复合膜表面原位引入原子Fe和N共掺杂，制备出大面积的高强度柔性膜电极材料，为CO_2高效电还原的升级制备打下基础。

本书围绕石墨烯/单分散Fe原子催化剂的跨尺度设计及其电催化还原CO_2性能展开研究，希望将来为CO_2的资源化利用提供一个解决方案。

第二章 实验部分

2.1 实验原料及试剂药品

本书所用到的主要实验药品及原料见表 2.1。

表 2.1 原料和化学试剂

试剂药品	型号或化学式	规格	厂家
PAN 基碳纤维	T700	—	中国科学院山西煤炭化学研究所
石墨纸	—	工业级	青岛华润石墨股份有限公司
微晶纤维素	$(C_6H_{10}O_5)_n$，$n \approx 220$	分析纯	国药集团化学试剂有限公司
氢氧化钾	KOH	分析纯	天津市科密欧化学试剂有限公司
碳酸氢钾	$KHCO_3$	分析纯	天津市东丽区天大化学试剂厂
盐酸	HCl	分析纯	国药集团化学试剂有限公司
硫酸	H_2SO_4	分析纯	国药集团化学试剂有限公司
铁基离子液	［Bmim］$FeCl_4$	分析纯	科能材料科技有限公司
三聚氰胺	$C_3H_6N_6$	化学纯	成都市科龙化工试剂厂
卟啉铁	$C_{34}H_{32}ClFeN_4O_4$	分析纯	上海阿拉丁生化科技股份有限公司
无水甲醇	CH_3OH	分析纯	天津市北辰方正试剂厂
Nafion 5％溶液	—	D520	上海河森电气有限公司
电池隔膜	Celgard 3501	—	美国 Celgard 公司
Nafion 117	$C_9HF_{17}O_5S$	—	美国杜邦（中国）有限公司
导电碳纸	TGP-H-030	—	日本东丽

2.2 实验仪器与设备

本书主要用到的仪器与设备见表 2.2。

表 2.2 实验仪器与设备

仪器名称	型号	生产厂家
电子天平	DV215CD	奥豪斯仪器（上海）有限公司
超声波清洗	SKE-6S	宁波市鄞州硕力仪器有限公司
真空干燥箱	021-6050	上海精宏实验设备有限公司
恒温鼓风干燥箱	DNG-924010	上海精宏实验设备有限公司
磁力搅拌器	85-2	杭州瑞佳精密科学仪器有限公司
高温管式炉	OTF-1200X	合肥科晶材料技术有限公司
电化学工作站	CHI660-E	上海辰华仪器有限公司
旋转蒸发仪	RE-2000A	杭州瑞佳精密科学仪器有限公司
循环水式真空泵	SHZ-D（Ⅲ）	杭州瑞佳精密科学仪器有限公司
真空冷冻干燥机	LGJ-10	北京松源华兴科技发展有限公司
台式离心机	H1850	湖南湘仪实验室仪器开发有限公司
球磨机	SFM-1	合肥科晶材料技术有限公司
直流电源	RXN-1502D	深圳兆信电子仪器设备有限公司
四探针测试仪	RTS-9 型	广州四探针科技有限公司
气相色谱	GC-3000B	重庆川仪有限公司

2.3 样品表征方法

2.3.1 场发射扫描电子显微镜

采用日本 JEOS 公司的 JSM-7001F 型热场发射扫描电子显微镜（SEM）分析样品的表面微观形貌，加速电压为 10 kV。采用 X 射线能谱仪（EDS）分析样品的表面元素分布，加速电压为 15 kV。

2.3.2 透射电子显微镜

采用日本电子株式会社的 JEM-2100F 型透射电子显微镜（TEM）观察样品的微观结构。采用选区电子衍射（SAED）分析样品的晶体结构，加速电压为 200 kV。

制样方法如下：将少量待测样品分散在无水乙醇中，超声分散均匀后，滴在超薄碳膜上或者镀有碳膜的铜网上，烘干待测。

2.3.3 X 射线粉末衍射测试

采用德国 D8 ADVANCE A25 型 X 射线粉末衍射仪表征样品的微晶结构，测试条件：Cu Kα 射线，入射光波长为 $\lambda = 1.5418$ Å，管压为 40 kV，工作电流 15 mA，扫描范围为 5°～90°，扫描速度为 0.02°/s。

2.3.4 拉曼光谱仪

采用美国 SPEX 公司的 RAMANLOG 6 型激光拉曼光谱仪测试样品表面官能团，测试条件如下：选用波长为 514 nm 的氩离子激光，仪器最小分辨率为 1/cm。

2.3.5 孔结构测试

采用 Micromeritics 公司的 ASAP2020 型全自动物理吸附仪表征样品的孔结构，测试条件如下：样品首先在 300 ℃ 和高真空（$< 10^{-4}$ Pa）环境下脱气 5 h，然后以 N_2 为吸附质，在液氮温度（77 K）和 10^{-4} Pa 的真空度下测试样品的吸脱附性能。用 Brunauer-Emmett-Teller 法计算样品 BET 比表面积（S_{BET}），根据相对压力 p/p_0 为 0.98 时液氮的吸附容量计算样品的总孔容（V_{total}），平均孔径由 $4V_{total}/S_{BET}$ 计算求得。用 t-plot 法计算样品的微孔孔容和微孔比表面积，由 S_{BET} 减去微孔比表面积和 V_{total} 减去微孔孔容分别获得中孔比表面积和中孔孔容。根据密度泛函理论（DFT）计算样品的孔径分布。

2.3.6 热重分析

采用 Universal TA 公司的 TGA Q50 V20.13 Build 39 型热重分析仪，分析

样品在不同气氛条件下的失重，升温速率为 5 ℃/min，最终温度为 800 ℃，以空气或氮气作为保护气。

2.3.7　X 射线光电子能谱

采用美国 Thermo ESCALAB 250 型 X 射线光电子能谱（XPS）分析样品的表面化学组成和含量。测试条件为：采用 Al Kα 射线，射线 hv 为 1486.6 eV，测试功率为 150 W。相关测试数据采用 XPS-Peak 41 软件进行分析处理。

2.3.8　红外光谱仪

采用 Bruker VERTEX 70 型傅里叶变换红外光谱（FT-IR）仪测试样品的表面官能团。测试条件如下：用 KBr 压片法，光谱采集范围是 400～4000 cm^{-1}，分辨率为 4 cm^{-1}，检测器为 DTGS。

2.3.9　气相色谱仪

采用重庆川仪公司的 GC-3000B 型气相色谱检测 CO_2 电催化还原产生的气体产物。载气选用 99.999％的高纯氩气。气相色谱装有两个检测器，FID 检测器检测 CO 及碳氢化合物，TCD 检测器检测氢气。FID 气路的燃烧气为高纯氢气，助燃气为空气。色谱具体检测参数设置如下：采用定量阀进样，每次进样体积为 1 mL，柱箱温度为 65 ℃，气化室温度 70 ℃。FID 参数：载气压力 0.1 MPa，氢气压力 0.1 MPa，空气压力 0.1 MPa，检测器温度 150 ℃。TCD 参数：载气压力 0.1 MPa，检测器温度 90 ℃。

2.4　电化学性能测试

本书中的电化学测试在上海辰华公司生产的 CHI660-E 型电化学工作站进行。主要采用了循环伏安（CV）、线性扫描（LSV）、恒电流充放电和恒电位测试（I-t）等手段。

2.4.1　超级电容器的制备

对称型超级电容器的组装方法：在两片电极膜中间放入多孔隔膜（Celgard 3501），形成一种类"三明治"结构。然后，将"三明治"膜置于圆柱状的塑料壳里，注入 6 mol/L 的 KOH 水溶液做电解液，然后密封组装成超级电容器器件。在测试之前，先将该器件在室温下静置 24 h，保证 KOH 充分的润湿电极片。

2.4.2　超级电容器电化学性能测试

（1）恒流充放电测试

通过在恒定电流下，对被测超级电容器进行充放电测试，同时记录电位随时间的变化规律。按照电容计算公式：$i = C\mathrm{d}U/\mathrm{d}t$，可知在恒流充放电（GCD）条件下，$\mathrm{d}U/\mathrm{d}t$ 为恒定值，电压随电流发生线性变化，此时充放电曲线为一等腰三角形。而对于实际的超级电容器来说，在充放电开始的一瞬间，由于电流方向突然改变，造成电压突然上升或下降，即产生了电压降（V_{drop}）。随着电流密度的增加，电压降会线性增大，进而导致材料或器件的能量密度的降低。

对两电极体系，单电极的质量比容量 C_{single} 可由式（2.1）计算，

$$C_{single} = \frac{4I \times \Delta t}{m \times \Delta V} \tag{2.1}$$

器件的质量比容量 C_{cell} 可按式（2.2）计算，

$$C_{cell} = \frac{I \times \Delta t}{m \times \Delta V} \tag{2.2}$$

器件的能量密度（E）和功率密度（P）可按公式（2.3）和（2.4）计算：

$$E = \frac{1}{2} \times C_{cell} \times \Delta V^2 \tag{2.3}$$

$$P = \frac{E}{\Delta t} \tag{2.4}$$

式中：I 为恒流充放电电流，单位：A；m 为两个电极的活性物质的总质量，单位：g；Δt 为放电时间，单位：s；ΔV 为电位窗口，单位：V。

（2）循环伏安测试（CV）

通过在一定电压范围内对被测样品按照一定的扫描速率进行循环电势的扫

描，考察电流响应随时间的变化，得到电流与电压的函数关系。对于理想状态的超级电容器，内阻可以忽略不计，由电容计算公式 $C=Q/U$，式中 Q 为电量，U 为电压，可知，通过电极上的电流，如式（2.5）所示：

$$I = \frac{\mathrm{d}Q}{\mathrm{d}t} = C\,\frac{\mathrm{d}U}{\mathrm{d}t} \tag{2.5}$$

式中 t 为时间。

当给电极施加线性变化的电压信号，即 $\mathrm{d}U/\mathrm{d}t$ 为常数，则电流响应为恒定值，循环伏安曲线为一理想的矩形。但对于实际的超级电容器而言，其内阻往往不能忽略，因此实际测得的循环伏安曲线与标准的矩形有着一定的偏差，其偏差程度又与具体的测试体系、材料内阻都有关。

（3）交流阻抗测试

交流阻抗测试（EIS）是一种用于评价材料或器件电容特性的有效方法。能有效反映电极材料在电极/电解液两相界面处电荷的迁移、传递和电解液离子扩散的动力学过程。通常使用 Niquist 图来表示与频率函数有关的阻抗特性。本书中所采用的交流阻抗测试的频率范围是 10～100 kHz，电压振幅为 5 mV。

（4）循环寿命

循环寿命是用于评价超级电容器性能的一项重要指标，较长的循环寿命以及良好的循环稳定性对超级电容器的实际应用非常重要。本书中采用较大的电流密度对材料或器件进行多次循环恒流充放电测试，以考察经过反复多次恒流充电、放电过程，电极材料或器件比容量的衰减情况。

2.4.3 CO_2 电催化还原的实验装置

CO_2 电催化还原在 H 型双室电解池（图 2.1）中进行，采用质子交换膜（Nafion 117 膜）将阴、阳两个电极室分隔开，只有水合氢离子才能通过隔膜。这种 H 型电解池能够使工作电极和参比电极保持较近的距离同时使对电极远离工作电极，有利于研究和控制阴极工作电极表面发生的反应。实验过程中持续向阴极室通入 CO_2，阴极室的出气口直接连接气相色谱的进样口。

2.4.4 CO_2 电催化还原电极的制备

将一定量的粉末样品研细，分散在异丙醇和水的混合液（体积比 2∶1）中，

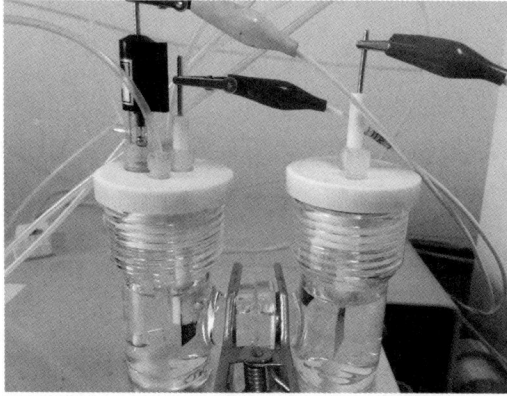

图 2.1 CO$_2$ 电化学还原 H 形电解池

加入一定量的 Nafion 115 膜溶液，超声分散均匀。然后取一定量的分散液喷涂在多孔导电碳纸上（面积 1 cm×1 cm），活性物质的平均质量为 2 mg ± 0.2 mg。然后将多孔导电碳纸置于 100 ℃的真空干燥箱中烘干待用。

2.4.5 CO$_2$ 电催化还原性能测试

实验采用三电极体系：阳极室采用铂片为对电极（面积 2 cm×2 cm），阴极室采用饱和甘汞电极为参比电极，待测电极为工作电极。

（1）线性扫描测试

利用电化学工作站给体系施加随时间变化的电势，测量产生的电流。扫速为 25 mV/s。

（2）恒电位测试

对体系施加恒定的电势而测量不同时间下的电流值。本书中主要采用此方法研究材料的电化学稳定性，同时结合气相色谱检测结果计算气体产物的法拉第效率。

（3）法拉第效率的计算

不同电压下，气体产物的法拉第效率（FE）按照如下公式计算：

$$法拉第效率 = \frac{生成产物所需的电子数}{消耗的总电子数} = \frac{z \times P_0 \times F \times \vartheta \times \vartheta_j}{R \times T \times j}$$

其中，z 为：转换每摩尔气体产物的电子数（在本书中，只有 CO 和 H$_2$ 产生，所

以 z 为 2；$j(A)$ 为：每一个应用电压下的稳态电流；$\vartheta(\mathrm{m^3\,s^{-1}})$ 为：气体流速（10 mL/min= $1.67 \times 10^{-7}\,\mathrm{m^3/s}$）；$P_0$ 为：1.01×10^5 Pa；T_0 为：273.15 K；F 为：96 500 C/mol；R 为：8.314 J/(mol·K)。

把电解完成后的 $KHCO_3$ 水溶液，用布鲁克的 400 MHz 的核磁共振仪定量分析液体产物。为实现液体产物的定量分析，将 0.5 mL 的电解液与 0.1 mL 的 D_2O 和 0.05 μL 的内标物二甲基亚砜（DMSO，99.999%）混合，通过预饱和的方法抑制水峰，测量 1D 的 1H 光谱。

第三章　高强度石墨烯碳复合膜材料

3.1　引言

　　基于人们对现代可穿戴和便携式电子设备（例如卷曲电子显示器、智能纺织品、可弯曲移动电子产品等）先进能源的需求，柔性能量存储设备（超级电容器和电池等）已经引起了广泛的关注[78-80]。具有良好机械强度、较大比表面积和较高比容量的柔性电极材料是柔性超级电容器的重要组成部分。在大多数的商业超级电容器中，活性炭通常被作为活性材料负载在铝箔集流体上。碳纳米管和石墨烯有时被用作为添加剂[7, 11, 81-83]，但是活性炭基电极常常没有足够的柔性和机械强度。最近，石墨烯和碳纤维（CF）[84-86]、碳纳米管和活性炭[87-88]的杂化已经被研究用来提高柔性电极的结构和性能。将活性材料沉积或负载在柔性集流体上的方法已被报道，其中柔性集流体包括：碳纤维布[89]、棉布[90-92]、石墨烯纤维[93] 和活性炭纤维[94]。杂化电极材料同时具有大的比表面积和好的欧姆接触是至关重要的，但是要做到这一点具有很大的挑战性。由于 CF 在高温下会受到碱的腐蚀，使得活性炭直接原位生长在 CF 上受到阻碍。目前仍然缺乏将石墨烯、CF 和活性炭三者柔和在一起制作柔性超级电容器电极材料的基础，更不用说制作一个质量轻、柔性好、机械强度高、导电性高和比表面积大的超级电容器电极。全碳电极是超级电容器的理想选择，但是目前还没有高强度（＞ 3 GPa）全碳电极膜的报道。

　　考虑到传统电催化剂的成型、高强度回收困难等问题，将具有质量轻、柔性好、导电性好、机械强度高等优良性能的全碳膜作为催化剂载体应用在电催化工业领域也成为了研究热点，而传统的玻碳电极作为催化剂载体在大规模应用中很困难。

CF 因其具有优异的机械柔性、超高机械强度、低密度和化学稳定性，已经被广泛应用在超级电容器中[95]。直接将碳纤维丝束（大约 1 mm）用作超级电容器的电极太厚[96-97]。如果将碳纤维作为柔性集流体的候选者，就有必要把碳纤维丝束分离成和铝箔一样薄的单个 CF。许多报道已经展示了将多丝束的碳纤维束分成单个 CF 层的方法，包括：声振动、气流振动、刚性筒状滚动和静电作用[98-99]，但是这些方法通常伴随着机械损坏、低效率、成本高等问题。

本书首先以大尺寸石墨烯和 CF 为原料，通过电化学驱动鼓泡的方法将 CF 束展开，石墨烯固定展开的 CF 组装成 10 μm 厚的 G/CF 复合膜。该 G/CF 复合膜具有优异的机械强度、可折叠性和柔性。其次，通过在 G/CF 复合膜表面原位活化微晶纤维素、KOH 和石墨烯的复合浆料，获得一个具有高比表面积的强健多级孔"碳—混凝土"复合膜（G-aC/CF）。在这个新的"碳—混凝土"G-aC/CF 复合膜中，CF 充当"钢筋"，而 G-aC 充当"碳水泥"。G-aC/CF 复合膜展现出了极好的导电性、低密度、高柔性和高机械强度等优异性能，有望将超级电容器能源存储和电动汽车车身柔和为一体，同时也为石墨烯基电催化剂的未来工业化实验提供潜在的方案。

3.2 实验部分

3.2.1 CF 丝束的展开及 G/CF 复合膜的制备

参照文献，使用改进后的电化学剥离方法制备石墨烯[100-101]。石墨烯薄膜作为正极，CF（T700）丝束作为负极，电解液是质量分数为 15% 的硫酸水溶液，其中还含有石墨烯（0.5 mg/mL）。石墨烯将展开后的 CF 丝固定组装成 G/CF 复合膜。

3.2.2 G-aC/CF 复合膜的制备

G-aC/CF 复合膜的制备包括以下步骤。

（1）配制纤维素水溶液（0.1 g/mL）和石墨烯分散液（6.0 mg/mL）。将一定体积的纤维素水溶液和石墨烯分散液混合，在室温下搅拌一夜使其混合均匀。

（2）将微晶纤维素和石墨烯的混合物进行抽滤，并在 60 ℃真空干燥 6 h 后得到纤维素/石墨烯复合物。

（3）将纤维素/石墨烯复合物（大约 1.0 g）置于 7.0 mol/L 的 KOH 水溶液（4.0 g KOH）中浸泡 24 h，得到石墨烯—纤维素—KOH 混合浆料。

（4）将石墨烯—纤维素—KOH 混合浆料均匀涂刷到 G/CF 复合膜的表面，干燥之后即得到石墨烯—纤维素—KOH—CF 复合膜。

（5）将石墨烯—纤维素—KOH—CF 复合膜置于管式炉中，在 Ar 氛围，650 ℃加热条件下热处理 1 h。冷却后用 0.1 mol/L 的 HCl 和去离子水洗涤至少 6 次，直至 pH 为 7.0。最后在 100 ℃的真空烘箱中干燥 24 h 即制得 G-aC/CF 复合膜。

3.3　结果与讨论

3.3.1　材料制备原理

为了制备一种同时具有良好界面和欧姆接触、丰富微孔/介孔、高比表面积、高机械强度和柔性的"碳-混凝土"复合膜，实验设计了一种原位沉积和生长的过程，如图 3.1 所示：碳纤维丝束和石墨烯组装成 G/CF 复合膜，然后对沉积在 G/CF 复合膜表面的纤维素/石墨烯进行化学活化处理。

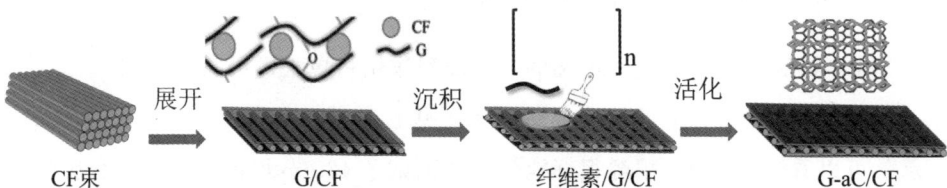

图 3.1　"碳-混凝土"复合膜制备流程示意图

首先，设计了一种将 CF 丝束尽可能展薄、展宽成连续薄膜的方法。实验已经证明手动方法将 CF 展开效率低，难以大规模进行。如图 3.2 所示，设计了一种电化学驱动 CF 展开的方法。这里我们用多孔聚丙烯膜（PP）（传统电池用的隔膜）作为基底去支撑电解液和电极。PP 膜和碳材料之间适当的相互作用有利于将干燥后的 G/CF 复合膜从 PP 膜表面剥离下来。通常，水滴在疏水的 PP 膜表面呈现近似球形以减小接触面积（图 3.2（b）），有趣的是当我们将 G/CF 负载在 PP 膜上，水滴能够在 G/CF 表面铺展开（图 3.2（c）），这是由于 G/CF 的润湿性，碳纤维和石墨烯之间具有一定的界面张力。为弄清楚这个原因，我们测量了水滴在 PP 膜表面和置于 PP 膜上的 G/CF 膜表面（G/CF-PP）的接触角。水滴在 PP 膜表面的接触角是 $127°$，这比水滴在 G/CF-PP 表面的接触角（$72°$）要大。基于接触角数据，通过 Owens-Wendt 模型[102] 进一步计算了表面能。水滴在 PP 膜表面的表面能（$\sim 40 \ mJ/m^2$）是水滴在 G/CF-PP 表面的表面能（$\sim 8 \ mJ/m^2$）的 5 倍。G/CF 的润湿性来自于石墨烯和 CF 含有的亲水含氧官能团[85, 101, 103]。基于这一研究，组装了电化学的装置去展开 CF 丝束。以石墨烯膜作为正极，碳纤维丝束作为负极。电解液是含有 0.5 mg/mL 石墨烯的 15 wt％的硫酸水溶液。实验证明，石墨烯膜在氧化充电过程中比传统的碳纤维具有更高的机械强度。石墨烯添加剂不仅增加了电解液的导电性，而且也作为导电粘结剂去覆盖和固定展开的单根碳纤维。随着电压增加到 15 V，电解液中产生的 H_2 促进了单个碳纤维的展开，额外的空气流动能够进一步促进碳纤维的展开过程。因此，随着电压的增加，电解液中产生的 H_2 也随着增加，CF 的展开速率也跟着增加，如图 3.2（g）所示。G/CF 复合膜的厚度能够达到 10 μm，这表明通过电化学和气流扰动相结合的方式，CF 丝束能够有效地铺展开。

3.3.2　G/CF 复合膜的电磁屏蔽性能

当 CF 铺展开后，通过石墨烯的 π-π 堆积作用将单根碳纤维丝连接起来。当 G/CF 复合膜干燥后，能够很容易地从 PP 膜上剥离下来。如图 3.3（a）、（b）所示，可以看到 CF 被石墨烯很好地包覆。测试了 42 μm 厚的 G/CF 复合膜的电磁干扰性能（EMI），结果表明，在 1.0～18.0 GHz 的微波频率范围内，该复合膜电磁屏蔽性能为 42～56 dB（图 3.3（c）），而 CF 丝束的电磁屏蔽性能却很差。这一优异的电磁屏蔽性能，得益于石墨烯在碳纤维表面的紧密堆积以及该复合膜优异的电子导电性能[101]。

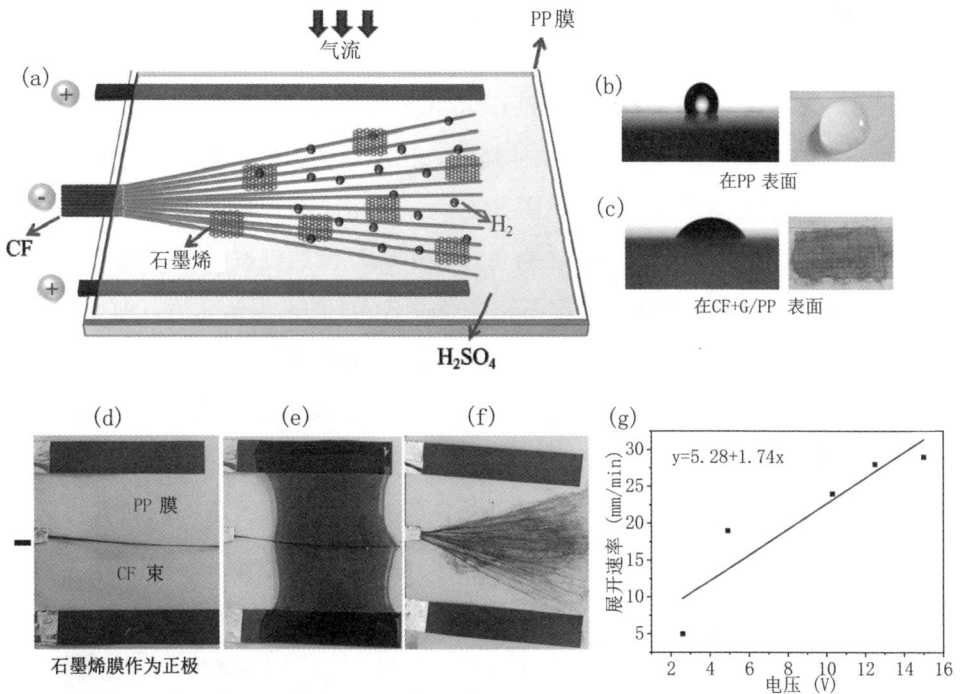

图 3.2　（a）电化学驱动碳纤维丝束展开示意图；（b）水滴在多孔 PP 膜表面的光学照片；（c）水滴在 G/CF-PP 膜表面的光学照片；（d-f）碳纤维丝束展开的光学照片；（g）CF 丝束展开速率与不同应用电压的关系图

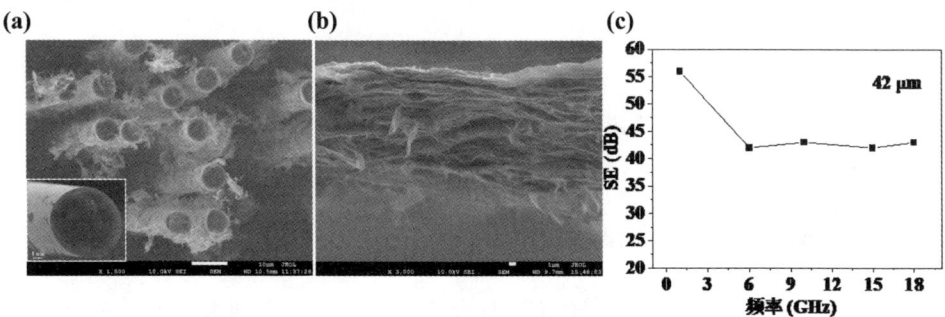

图 3.3　（a）单个石墨烯/碳纤维（G/CF）（插图是原始的碳纤维）的 SEM 照片，（b）G/CF 复合膜的 SEM 照片，（c）G/CF 膜的电磁波频率与电磁屏蔽值之间的关系图

3.3.3 G-aC/CF 复合膜的强度

图 3.4（a）展示了原始的 CF 和 G-aC/CF 复合膜的应力—应变曲线。实验表明，G-aC/CF 具有 5.3 GPa 的拉伸强度，比原始的 CF（4.8 GPa）和 G/CF（4.7 GPa）具有更高的拉伸强度。图 3.4（c）展示了 G-aC/CF 复合膜提起 5 L 水的光学照片。这一研究表明，在制备过程中碳纤维的机械强度得到了很好的保持。然而，在没有石墨烯的情况下，当经过 KOH 的高温活化后，原始 CF 的机械强度降低到 4.24 GPa。这表明石墨烯的沉积能够阻止 CF 被 KOH 高温刻蚀。G-aC/CF 复合膜具有的高导电性（110 S/cm）、高柔性和高机械性能，使之成为下一代柔性便携式电子设备和能源存储的理想集流体。经过 CF 加固的碳复合材料具有很高的机械强度，这扩展了功能碳材料的应用范围，例如催化剂的载体。

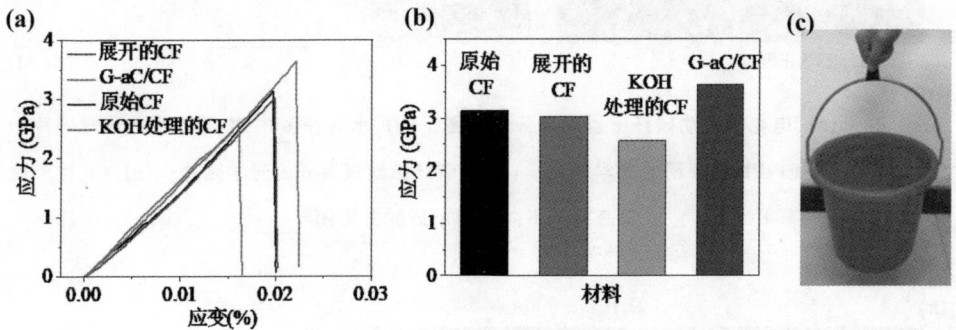

图 3.4　（a，b）单根 CF 在不同状态下的应力-应变曲线，

（c）G-aC/CF 复合膜（30 μm 厚，3 cm 宽）提起 5 L 水的光学照片

3.3.4 G-aC/CF 复合膜的柔性

除了超高的机械强度，G-aC/CF 复合膜还具有优异的机械柔性，在经过弯曲折叠后能够保持结构的完整性。如图 3.5（a）～（c）所示，G-aC/CF 复合膜表现出很好的韧性和柔性，能够卷起、弯曲或者能够容易地塑造成叶子或者汽车车身的形状，折叠起来几乎没有裂痕（图 3.5（d）～（g））。在这些过程中，G-aC 能够很好的保留，这表明 CF 和 G-aC 之间具有很好的粘附力。

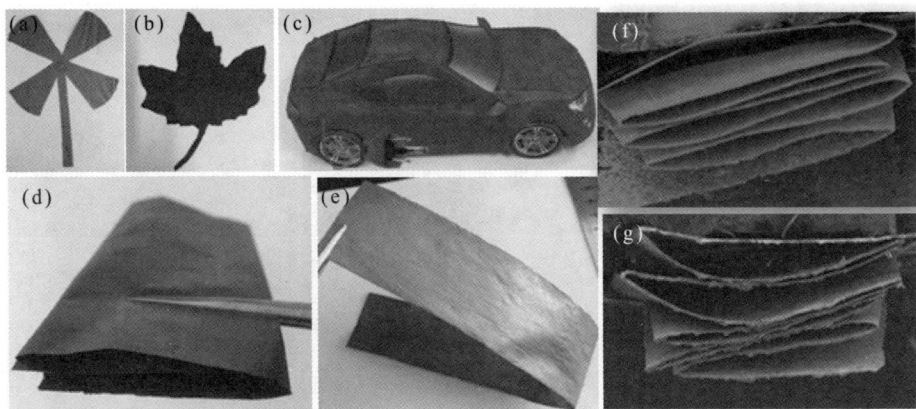

图 3.5　(a-e) 用 G-aC/CF 复合膜制作的样品展示了很好的可折叠性和柔性：

(a) 风车，(b) 叶子，(c) 汽车负载，(d) G/CF 膜，(e) G-aC/CF 膜，

(f) G/CF 膜的 SEM 照片，(g) G-aC/CF 膜的 SEM 照片

3.3.5　G-aC/CF 复合膜的形貌

G-aC/CF 复合膜的微观结构进一步用扫描电子显微镜观察。图 3.6 (a)、(b) 展示了 G-aC/CF 和原始 CF 的表面和横截面 SEM 照片，原始的碳纤维表面是光滑的（图 3.6 (a) 插图）。具有丰富孔隙结构的 G-aC 均匀沉积在 CF 表面。从横截面图可以清楚地看出，中间的 CF 均匀地被 G-aC 所覆盖，G-aC 层的厚度从 60 nm 到几百纳米（图 3.6）。这种紧密的核壳纤维结构有利于电子和离子的快速运输。G-aC/CF 复合膜形成了各向异性，类似"混凝土"一样的结构，其中 CFs 充当"加固剂"，而 G-aC 充当"水泥基体"。如图 3.6 (e) 和图 3.6 (f) 所示，TEM 照片显示具有微孔和介孔结构的活性炭均匀地覆盖在石墨烯表面。G-aC 的电子衍射图显示六边形（图 3.6 (e) 插图），这表明石墨烯保持完整的晶体结构，而活性炭是无定型的（图 3.6 (f)）。

3.3.6　G-aC/CF 复合膜的结构和成分分析

图 3.7 (a) 为 G-aC/CF 复合膜和石墨烯的 XRD 衍射图。在 ～26.6° 的 2θ 处，G-aC/CF 复合膜显示出非常弱和宽的峰，这表明在热处理的过程中，均匀

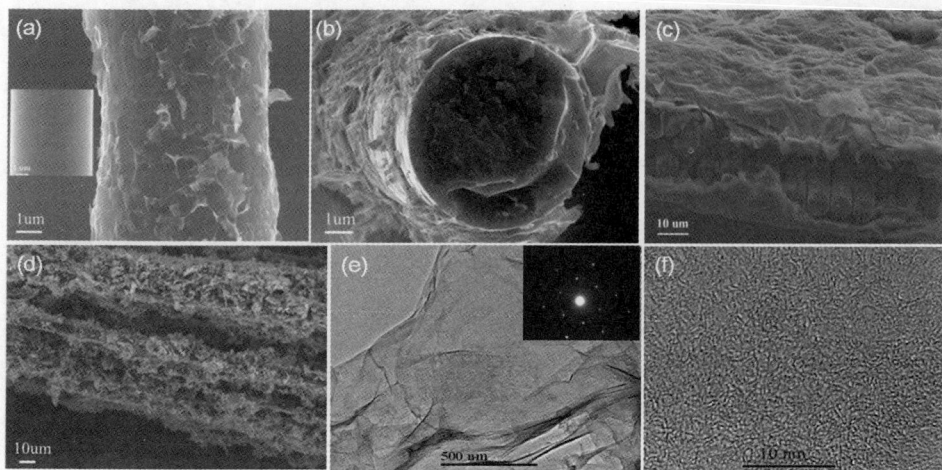

图 3.6　G-aC 沉积在单根 CF 上的 SEM 照片：（a）CF 的表面视图（插图是原始的碳纤维），（b）CF 的横截面视图；（c, d）G-aC/CF 复合膜的 SEM 照片（横截面）；（e）G-aC 片的 TEM 照片（插图：G-aC 的选区电子衍射照片）；（f）G-aC 片表面的高分辨 TEM 照片，显示石墨烯表面的活性炭具有微孔和介孔的多级孔结构

分布在石墨烯表面的活性炭能够有效地阻止石墨烯聚集回石墨态[100, 103]。拉曼光谱（图 3.7（b））表明，G-aC/CF 复合膜的 I_D/I_G 值比原始的 CF 和石墨烯的 I_D/I_G 值低，这证明"碳—混凝土"结构的 G-aC/CF 复合膜是以 sp^2 碳占主导。X-射线光电子能谱（图 3.7（c）、（d））进一步分析了 CF 和 G-aC/CF 复合膜的表面化学。在 284.8 eV、398.8 eV 和 531.9 eV 处的峰分别对应为 C1s，N1s 和 O1s 的峰。G-aC/CF 复合膜的 N1s 信号比 CF 的弱，这表明 CF 完全地被石墨烯和活性炭覆盖。图 3.7（d）为 C1s 的分峰拟合图：C＝C（284.6 eV），C-C（286.6 eV），C＝O/O-C＝O（288.4 eV）。红外光谱分析进一步表明微晶纤维素表面的有机官能团在 650 ℃ 的活化温度下被完全移除[103]。相较于传统的活性炭，微晶纤维素能够在更低的温度下活化为大孔和介孔的碳材料，这也许归功于石墨烯较高的导热性能。

图 3.7（e）为 G-aC 的 N_2 吸脱附等温线，在低于 0.1 的相对压力（P/P_0）下，G-aC 具有很强的 N_2 吸附性，这表明该材料具有微孔[104]。当相对压力超过 0.1 后，等温线持续增加，表明该材料具有相当数量的介孔[105]。BET 分析表

明，G-aC 的比表面积为 831 m^2/g。图 3.7（f）表明，G-aC/CF 同时具有微孔、介孔和大孔的多级孔隙结构。

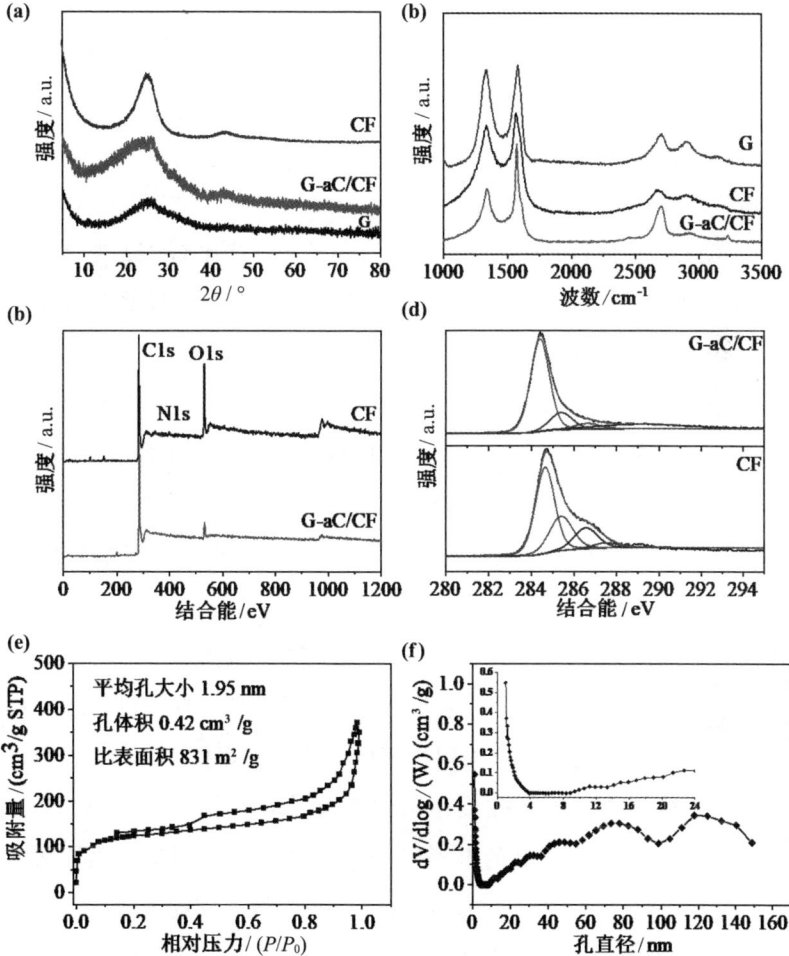

图 3.7　（a）G-aC、石墨烯和 CF 的 XRD 衍射图，（b）G-aC/CF 复合膜，原始 CF 和石墨烯的拉曼光谱图，（c）CF 和 G-aC/CF 的 XPS 光谱，（d）CF 和 G-aC/CF 的 C 1s 分峰图，（e）G-aC 样品的 N_2 吸脱附等温线图，比表面积为 831 m^2/g，（f）G-aC 的孔分布图（插图：孔分布图在 0～24 nm 的放大）

3.3.7　G-aC/CF 复合膜的超级电容器性能研究

为了检测 G-aC/CF 复合膜的电化学性能，以 G-aC/CF 作为活性电极材料去组装两电极的对称超级电容器，中间用多孔离子隔膜隔开（Celgard 3501，厚度 25 μm）。图 3.8 是用 G-aC/CF 复合膜作为电极组装的超级电容器在 6 mol/L 的 KOH 电解液中的电化学性能。如图 3.8（a）所示，G-aC/CF 复合膜电极展现了近似矩形状的 CV，这表明该超级电容器为双电层电化学容量。在 5 mV/s 的扫速下，G-aC/CF 复合膜的比容量大约为 150 F/g，这比 G/CF 复合膜的比容量（32 F/g）高很多。比容量的提高可能是由于 G-aC/CF 复合膜具有更高的比表面积和离子可进入的孔结构，其中高导电石墨烯、活性炭和 CF 紧密的连接在一起。图 3.8b 为不同电流密度下的恒电流充放电曲线。基于放电曲线，G-aC/CF 复合膜超级电容器在 1.0 A/g 和 8.0 A/g 的电流密度下的比容量分别为 129 F/g 和 96 F/g。在电流密度为 1.0 A/g 时，在初始放电阶段的电压降为 0.04 V，这表明测试电池具有相对低的等效系列阻抗（ESR）。为进一步了解阻抗和容量行为，图 3.8c 分别测试了以 G-aC/CF 复合膜电极和 G/CF 复合膜电极的电化学阻抗谱。在高频率范围，G-aC/CF 复合膜电极的 ESR 值为 1.4 Ω，比 G/CF 复合膜电极的 ESR 值（2.7 Ω）要低，这表明 G、aC 和 CF 三种碳材料之间具有很好的欧姆接触。G-aC/CF 复合膜电极阻抗图中半圆环的直径大概为 1.5 Ω，这表明电解液中的离子能够快速地扩散或运输到电极表面[85, 103, 105-106]。阻抗数据分析表明 G-aC/CF 复合膜具有很好的电子/离子传导性，这是由于电化学剥离的石墨烯具有很好的导电性[85, 100, 105]。在水系电解液中，电流密度为 1 A/g 时，G-aC/CF 复合膜超级电容器的能量密度能够达到 4.0 Wh/kg，电流密度为 5 A/g 时的功率密度能够达到 1350 W/kg。图 3.8（d）所示的能量图，比较了 G-aC/CF 超级电容器与其他已经被报道的全碳电极的能量密度和功率密度的关系。G-aC/CF 超级电容器几乎没有法拉第赝电容，其性能在已经报道过的全碳超级电容器中处于中等水平[89, 91, 107-110]。

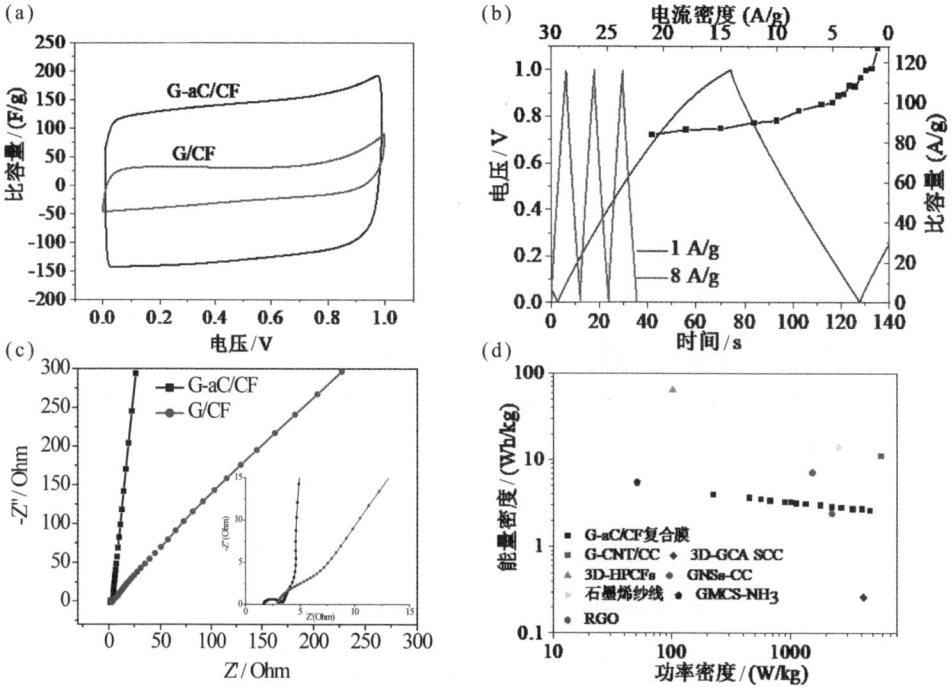

图 3.8　G-aC/CF 和 G/CF 复合膜电极在 KOH 电解液中的超级电容器性能：(a) G-aC/CF 和 G/CF 复合膜电极的 CV 曲线的比较，(b) G-aC/CF 在不同密度的恒电流下的恒电流充放电曲线，黑色的点线图展示了比容量和放电电流密度的关系图，(c) G-aC/CF 和 G/CF 复合膜电极的阻抗谱图（插图为局部放大），(d) G-aC/CF 超级电容器与其他报道的碳基超级电容器的比较

3.4　结论

本章采用了电化学辅助法铺展碳纤维束，并原位活化石墨烯/纤维素等方法，成功制备出碳纤维—石墨烯或碳纤维—石墨烯—多级孔活性炭的碳—碳复合膜材料，为获得大面积的高强度的催化载体。该复合膜具有很高的机械强度、很好的柔性和较大的比表面积。得出以下结论：

（1）该 G-aC/CF 膜具有超高的机械强度（5.3 GPa）、高柔性、高比表面积（831 m^2/g），多级孔分布孔径等特征。

（2）42 微米厚度的 G/CF 膜呈现优良的电磁屏蔽性能：1.0～18.0 GHz 的

微波频率范围内电磁屏蔽效能达 42～56 dB。

（3）大尺寸的石墨烯能够促进碳纤维丝束的展丝，能够固定展开的碳纤维丝成超薄膜材料，且能够保护碳纤维在热活化过程中不被强碱腐蚀。

（4）G-aC/CF 直接作为超级电容器电极，没有使用金属集流体，比容量达到 150 F/g。

（5）石墨烯与碳纤维的结合，就像"混凝土"，碳纤维为"钢筋"似的结构支撑，石墨烯或石墨烯/活性炭为"水泥"似的功能化材料。

通过原位杂化方法制得的"碳—混凝土"杂化碳材料，有望应用到柔性电子产品的能量储存领域。结构与功能一体化膜材料的设计为石墨烯基电催化剂的未来工业化实验提供潜在的方案。

第四章 "竹节"碳管/石墨烯负载单分散铁原子的 CO_2 电催化还原性能

4.1 引言

随着化石燃料大量消耗，大气中过量 CO_2 排放被认为是造成沙漠化、海水酸化和全球气候变暖等环境问题的主要因素[111-112]。通过电化学方法能够将 CO_2 还原为一氧化碳、甲酸、甲醇、甲烷等产物[53, 113-114]。其中，因只涉及两电子/质子转移过程，CO_2 还原为 CO 是非常有吸引力的目标。CO 在化学工业和 Fischer-Tropsch 工艺中有广泛应用。高效、强健并能在较低过电压下达到较高产物选择性的催化剂构筑，是实现电化学还原 CO_2 大规模应用的主要障碍。

已有大量研究投入于发展高效 CO_2 还原电催化剂。贵金属，例如 Au 和 Ag，尽管展现出优异的选择性[38, 40, 115-116]，但其成本高、回收难以及易毒化等特性使其大规模应用受到限制。因此，应用过渡金属和地球丰富元素作为替代催化剂极具前景，例如碱金属[44, 117] 及其金属氧化物[46, 49]。特别地，Fe-N-C 材料已经被预测[77] 和报道[74, 118] 具备高效 CO_2 还原活性。现在依旧缺乏将石墨烯和碳管上同时掺杂单原子铁 Fe-N-C 催化剂并应用于 CO_2 电催化还原的方法。单原子催化剂（SAC），代表能够实现全原子效用[115] 的最低尺寸限制，成为了新的前沿研究方向。尽管已经有许多关于多相单原子电催化剂应用于电化学析氢反应（HER）[119-120]、析氧反应（OER）[121] 和氧还原反应（ORR）[122] 的工作，但应用单原子催化剂电催化还原 CO_2 的报道不多。在已报到 SAC 载体中，石墨烯和碳管因其高比表面积、高电子导电性、良好稳定性和易于掺杂杂原子（例如 N、S 和 B）而被认为是极具有吸引力的单原子催化剂载体[25, 55, 61, 64]。最近已报道利用原子层沉积（ALD）[65-66]、光化学[67] 和高速球磨[68] 等方法将金属单原子引入石墨烯片层；然而，在碳管上大规模、可控地合成强健 3D 过渡金属单原子仍然充满挑战。

在第三章中，以石墨烯为原料，制备了石墨烯碳复合膜，该复合膜机械强度高、柔性好、比表面积大，获得了大面积的高强度催化剂载体。本章中大规模制备了单原子 Fe 掺杂石墨烯复合材料（Fe-N-G/bC）并应用于 CO_2 电催化还原，Fe-N-G/bC 催化剂包含原子 Fe、N 共掺杂的石墨烯和生长在石墨烯上的原子 Fe、N 共掺杂的"竹节"碳管，其中碳管里封装 Fe_3C 纳米晶体。以电化学剥离石墨烯[100] 和 1-丁基-3-甲基咪唑四氯化铁盐（［BMIM］$FeCl_4$）作为初始原料，通过电化学氧化方式将原子 Fe 引进到石墨烯上，制备出 Fe/G，接着在高温热处理下，石墨烯和碳管上的原子 Fe 被同时氮化。这种原子剪裁的材料展现出优异的 CO_2 电化学还原性能。本章工作将会促进稳定、高效和低成本催化剂在原子尺度的发展。

4.2　实验部分

4.2.1　Fe/G 的合成

采用电化学剥离石墨烯制成薄膜为阳极和阴极。阳极和阴极之间距离 1 cm，将阳极和阴极在＋4 V 电压下充电。电解液 1-丁基-3-甲基咪唑四氯化铁盐（［BMIM］$FeCl_4$）。然后将电解产物在超声中分散，用去离子水和热 HCl 反复洗涤多次，得到 Fe/G[123]。

4.2.2　Fe-N-G/bC 的合成

将 5.0 g 三聚氰胺、0.05 g G/Fe、1.0 g［BMIM］$FeCl_4$ 和 150 g 不锈钢球磨珠（直径 1～1.5 cm）放入不锈钢真空球磨罐中，向球磨罐中通入 20 min 的高纯氩气（99.999％），以上操作在手套箱中完成。球磨机转速 500 r/min，球磨时间为 12 h。将球磨均匀后的混合物置于石英舟中，在氩气氛围下于管式炉中高温热处理，热处理程序为：180 ℃ 2 h，360 ℃ 2 h，800 ℃ 2 h，升温速率为 2 ℃/min。热处理后，混合物颜色由棕色变为黑色，将样品在 0.5 mol/L 的 H_2SO_4 中洗涤 24 h，最后用去离子水将样品洗涤 3 次，在 100 ℃ 真空干燥箱中烘干。为进一步了解 Fe-N-G/bC 催化剂结构与性能的关系，实验通过控制前驱物中不添加 Fe/G，直接用三聚氰胺和 [BMIM] FeCl₄ 球磨，制备了 Fe-N/bC；通过前驱物中不添加 [BMIM] FeCl₄，直接用三聚氰胺和 Fe/G 球磨，制备了 Fe-N-G；通过球磨石墨烯和三聚氰胺，然后在相同的热处理条件下制备了 G-N。

4.3 结果与讨论

4.3.1 制备机理

Fe-N-G/bC 催化剂制备过程如图 4.1 所示。首先，以 [BMIM] FeCl₄ 离子液为电解液，以石墨烯薄膜为正负极进行充电，合成 Fe/G。在 +4 V 的充电电压下，由于 Cl⁻ 的氧化，产生 Cl_2；同时，Fe 的氧化物（氢氧化物）颗粒在石墨烯上产生（图 4.2 (a)、(b)），此外，在石墨烯上也会产生单原子 Fe（图 4.2 (e)、(f)），这可能是由于 FeCl₄⁻ 的转化[123-126]。充电过程中，正极石墨烯薄膜逐渐膨胀开，将膨胀开的正极石墨烯材料在热 HCl 和去离子水中反复洗涤，直至完全除去石墨烯上的 Fe 的氧化物（氢氧化物）纳米粒子，得到只有单原子 Fe 负载的 Fe/G（图 4.2 (c)-(f)）。然后将 Fe/G 与三聚氰胺和 [BMIM] FeCl₄ 混合球磨，在 Ar 中高温热处理。在这个过程中，固体前驱物通过分解—重组机制转变为 Fe-N-G/bC[127]。在高温热处理过程中，固体前驱物首先被热解汽化成小碎片，然后在石墨烯表面组装成一维管状结构。热解过程中，不仅在固体碳上产生了 Fe-Nₓ 结构，而且形成了 Fe_3C，Fe_3C 纳米粒子（NPs）作为催化剂催化碳管生长。Fe_3C 纳米粒子作为碳管生长催化剂也许比 Fe 单质更有趣，因为在很多应用中，不需要除去 Fe_3C，例如锂离子电池的导电添加剂[128-130]。

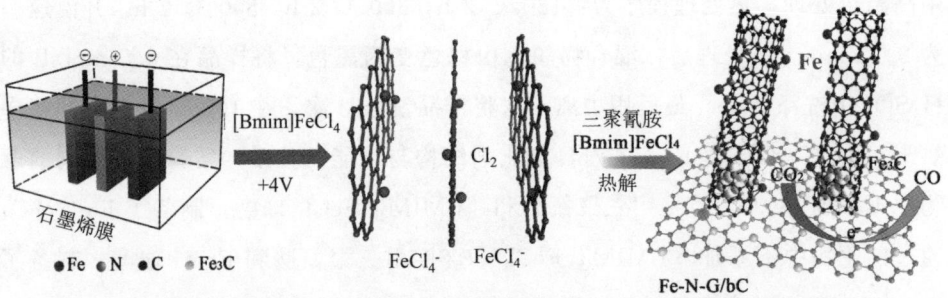

图 4.1　将原子 Fe 引入 N 掺杂石墨烯，然后形成 Fe，N 共掺杂的
"竹节"-CNTs（Fe-N-G/bC）制备过程示意图

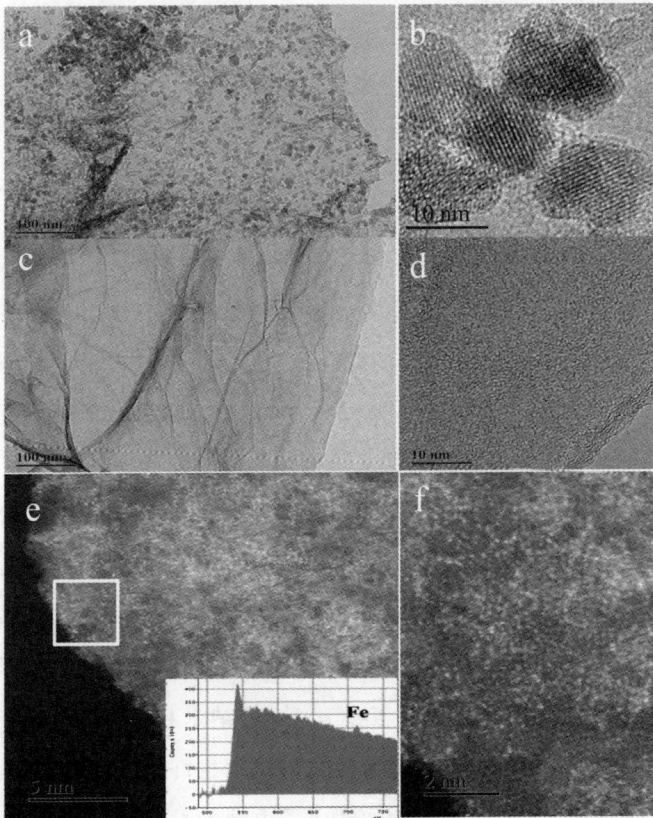

图 4.2　在离子液 ［BMIM］FeCl$_4$ 中通过电化学过程制备的原子 Fe/G 的 TEM 照片：（a），
（b）HCl 洗涤之前，（c），（d）HCl 洗涤之后，（e），（f）石墨烯纳米片上原子 Fe 的 HRTEM 照
片（Fe/G）（插图：图 4.2（e）中虚线方框内 Fe 元素的 EELS 原子光谱）

4.3.2 催化剂的形貌表征

图 4.3（a）为 Fe-N-G/bC 的透射电子显微镜（TEM）照片。从图 4.3（a）中可以看出，Fe-N-G 片上有大量 Fe-N/bC 缠绕，bC 的直径大约为 20～40 nm。从图 4.3（d），（e）的 TEM 照片中可以清楚地看到 Fe-N/bC "竹节"，这些"竹节"来自于石墨纳米片的嵌插，这些随机的石墨纳米片结构形成了隔室，这类似于竹子的节点，这些节点的产生与节点处 N 和 Fe 掺杂引起的结构缺陷有关。高分辨 TEM（HRTEM）照片图 4.3（b）、（c）显示，封装在石墨化碳壳层管顶端的暗点是 Fe_3C 纳米颗粒，晶格间距是 0.204 nm。更重要的是，由于 Fe_3C 催化作用，石墨碳的晶格间距为 0.35 nm，这与石墨片的（002）晶面保持一致[131]。在控制实验中，当不添加石墨烯时，从图 4.4a，b 的 TEM 照片中可以看出，Fe-N/bC 展现出很厚的管壁，管的直径为～100 nm。除了观察到 bC 外，也能观察到无定型碳。bC 中除了 Fe_3C 粒子，还有 Fe 单质。以上数据表明，石墨烯对 Fe 的分散、组成以及碳石墨化的生长起重要作用。当无石墨烯作支撑的时候，铁盐在热处理过程中更易聚集，形成大尺寸金属粒子。这一结果表明，石墨烯能够为单分散粒子的形成提供界面硬支撑。石墨烯较高的导热性能会促进 Fe_3C 相的形成[132]。当不添加［BMIM］$FeCl_4$，Fe/G 粉末只与三聚氰胺球磨时，能够形成 Fe-N-G，没有 bC 产生（图 4.4（c）、（d））。当石墨烯与三聚氰胺球磨时，形成 G-N 催化剂（图 4.4（e）、（f））。

为了获得单原子结构的直接证据，采用球差校正电镜（AC-STEM）分析了 Fe-N-G/bC 催化剂高角环形暗场图片（HAADF）。直径仅为几个埃尺度的小亮点在碳表面均匀分散。这些超小的亮点与碳原子形成强烈的对比，直径大概为 1.5～2.5 Å（图 4.5），是原子级分散 Fe 基物种。图 4.3（g）揭示了在石墨烯上分散的无数原子 Fe 亮点。图 4.3（f）中虚线正方形区域的放大图显示碳管的管壁和管内也存在分散均匀的原子 Fe（图 4.3（h））。通过电子能量损失光谱（EELS）进一步表征图 4.3（g），（h）中的虚线方框部分所含元素，实验证明该催化剂中同时存在元素 Fe 和 N，揭示了 $Fe-N_x$ 的形成。

4.3.3 催化剂的结构分析

实验通过测量 N_2 吸脱附等温线分析 Fe-N-G/bC 催化剂比表面积和孔径分

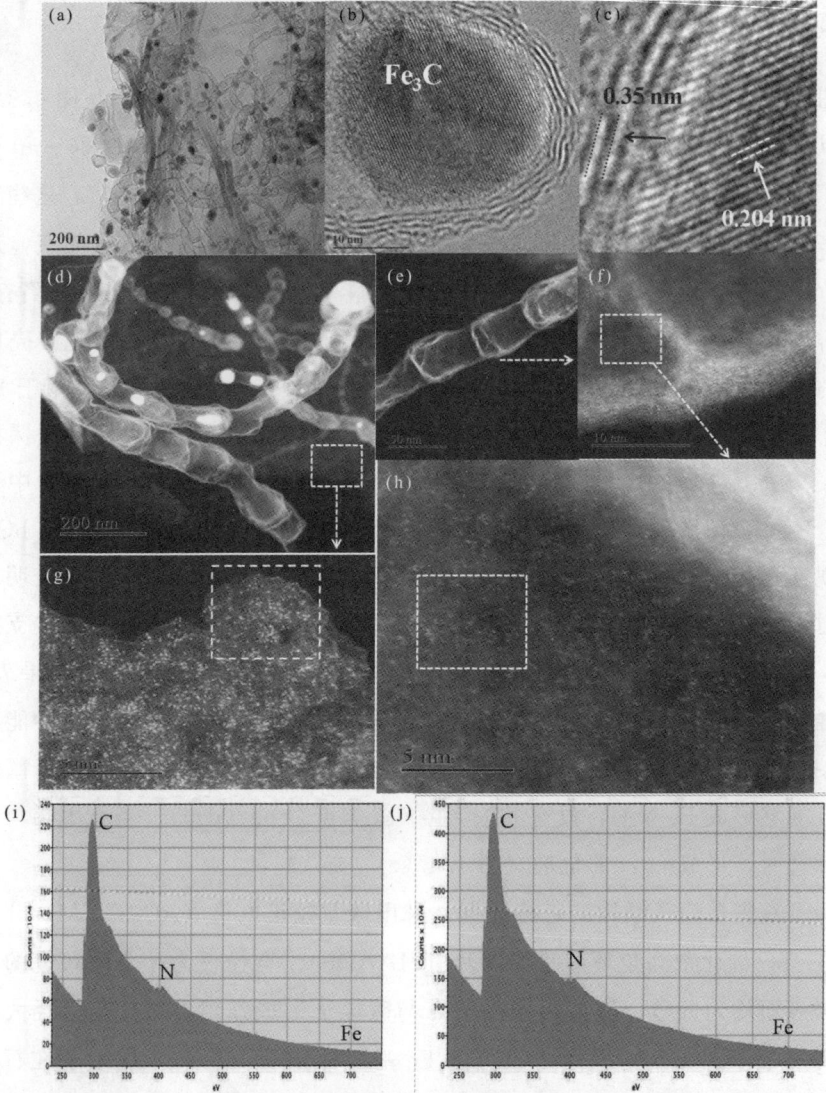

图 4.3　原子 Fe 嵌入在"竹节"碳管/石墨烯的多级碳矩阵里的结构和组成分析：(a) 低分辨的 TEM 照片，(b, c) 封装在 bC 里的 Fe₃C 纳米颗粒的 HRTEM 照片，(d, e) HAADF 图片和 EELS 分析：(d) bC/Fe₃C 在石墨烯上生长的低分辨 HAADF 照片，(e) 单个 bC，(f) e 中标记部分 bC 的管壁的高分辨 HADDF 照片，(g) d 中标记部分石墨烯上的原子 Fe，(h) f 中标记部分 bC 管壁和管内上的原子 Fe，(i) g 中标记部分石墨烯上 Fe 元素的 EELS 图，(j) h 中标记部分 bC 上 Fe 元素的 ELLS 图

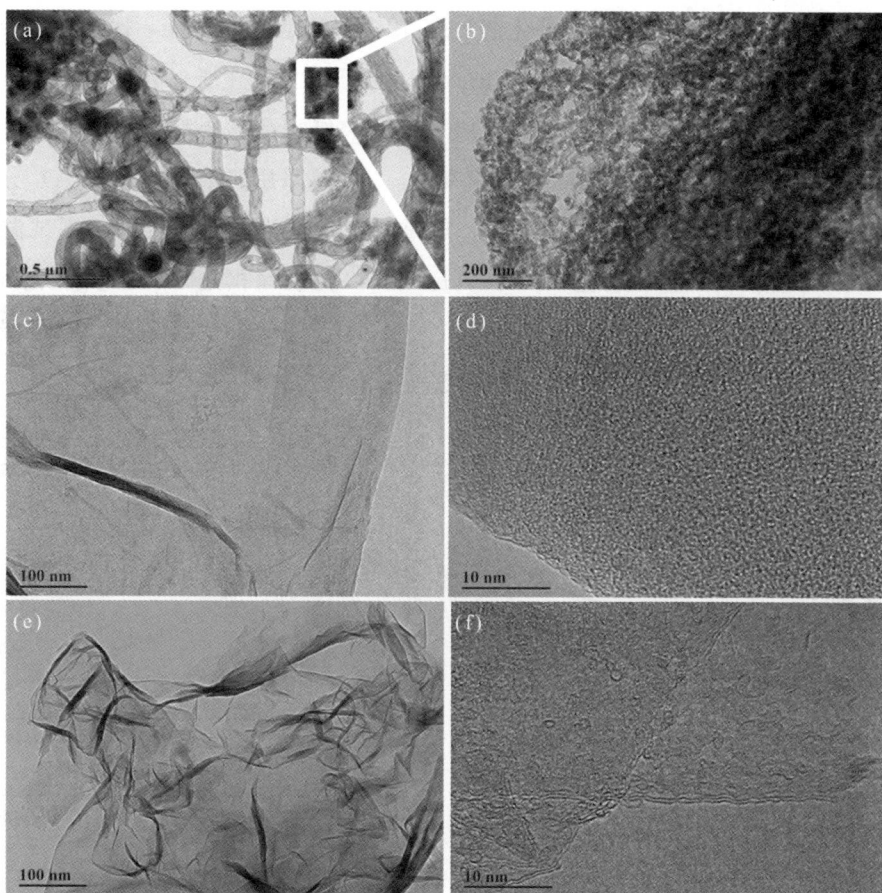

图 4.4 TEM 照片: (a, b) Fe-N/bC, (c, d) Fe-N-G, (e, f) G-N

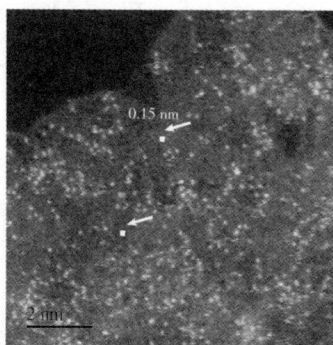

图 4.5 Fe-N-G/bC 催化剂的高角环形暗场扫描透射电子电子显微镜 (HAADF-STEM)

布（图 4.6a，b）。Fe-N-G/bC 催化剂 BET 比表面积是 153 m^2/g，比纯石墨烯比表面积（20 m^2/g）[103]，高比表面积的提高来源于碳管的生长。孔径大小分布广泛，呈现出多级孔结构，从 2 nm 到 100 nm，该结构能够提高催化活性位点的可接近性以及提高离子和气体的质量传输[133]。实验采用热重分析（TGA）分析了 Fe-N-G/bC 中 Fe 含量（图 4.7a），热重测试条件为：空气氛围，测试温度 25 ℃～800 ℃，得到 Fe 含量 7.67%。Fe-N/bC 比表面积是 169 m^2/g（图 4.6（b）），Fe 含量为 15.32%（图 4.7（b））。Fe-N-G/bC 催化剂比 Fe-N/bC 催化剂具有更高的热稳定性，表明石墨烯能够增强该催化材料的稳定性。

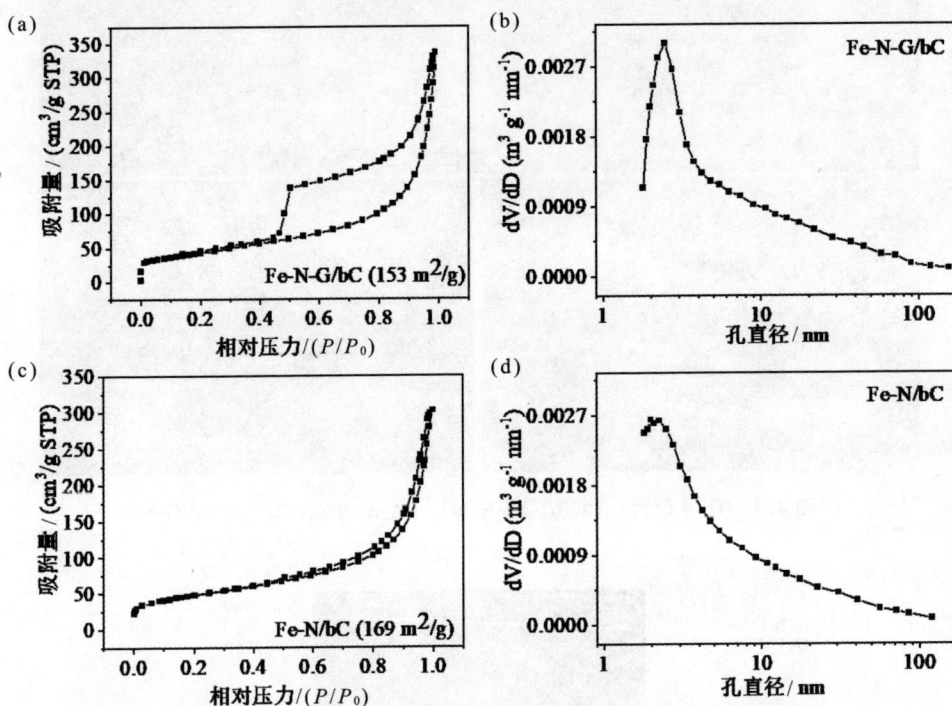

图 4.6 N_2 吸脱附等温线图：(a) Fe-N-G/bC，(c) Fe-N/bC；孔径分布图（右）：(b) Fe-N-G/bC 和 (d) Fe-N/bC

实验采用 X-射线衍射进一步表征 Fe-N-G/bC 催化剂结构（图 4.8（a））。2θ＝26.1°处衍射峰，表明在热解过程中形成石墨碳，这与 HRTEM 分析结果一致。其余衍射峰与 Fe_3C 晶体相对应（43.7°，51.1°，74.8°；JCPDS no. 35-

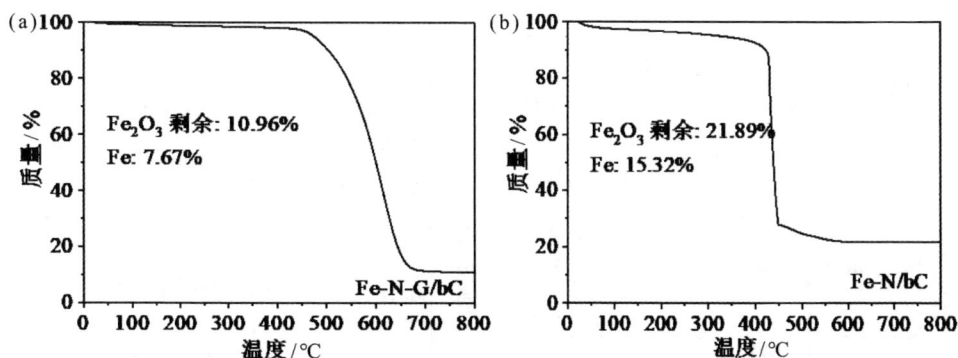

图 4.7 Fe-N-G/bC 与 Fe-N/bC（制备不加石墨烯）的 TGA 在空气氛围比较

0772)。Fe-N/bC 样品没有添加石墨烯同样具有石墨碳衍射峰，除了观察到 Fe_3C 晶体的衍射峰，也能观察到立方 Fe 衍射峰（44.7°，65.0°，82.2°；JCPDS no. 06-0696)[134]。此外，当石墨烯没有经过电化学沉积，直接与三聚氰胺和 ［BMIM］$FeCl_4$ 球磨热处理，同时产生 Fe_3C 和 Fe（图 4.9）。这一结果表明，在热解离子液和三聚氰胺的过程中，石墨烯良好的热稳定性，有利于产生单相 Fe_3C[132]。在对照实验中，Fe-N-G 和 G-N 强酸洗涤之后，没有观察到晶体，这表明碳管的生长是由 Fe_3C 和 Fe 催化的[128-129]。Fe 单质已经被证实没有 CO₂ 还原活性，从而导致催化产生 H₂ 的的法拉第效率为～100%[74, 135]。然而，在对比实验中，样品 Fe-N-G 和 G-N 中都没有观察到晶体颗粒。另外，通过拉曼光谱 D 带（1360 cm⁻¹）和 G 带（1590 cm⁻¹）强度的比值（I_D/I_G），表征样品边缘/缺陷比。如图 4.8（b）所示，Fe-N-G/bC 与 Fe-N-G 和 Fe-N/bC 几乎具有相同的 I_D/I_G 值，N-G 的 I_D/I_G 值比其他样品小。这一结果表明，Fe 掺杂能够提高样品边缘/缺陷比例，提高石墨化程度。

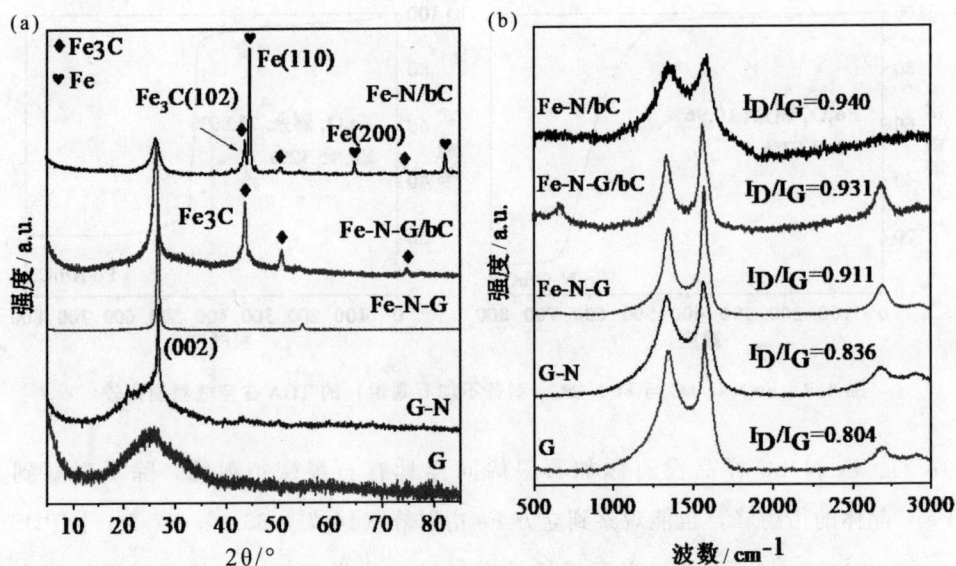

图 4.8　Fe-N-G/bC 与 Fe-N/bC（合成缺乏石墨烯），G-N（石墨烯掺氮）和
Fe-N-G（缺乏［BMIM］FeCl₄ 下，Fe/G 直接热处理）的 XRD 和拉曼谱图的比较

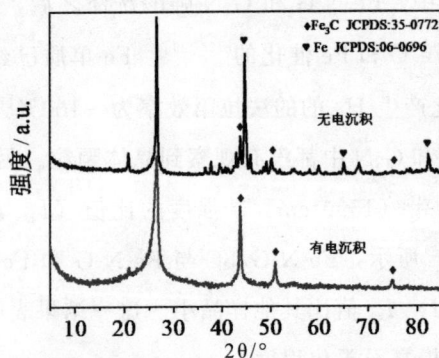

图 4.9　Fe-N-G/bC 在不同方式处理的石墨烯的情况下的 XRD 图

（黑线：石墨烯未经电沉积原子 Fe，红线：石墨烯经过电沉积原子 Fe）

4.3.4　催化剂的成分分析

采用 X 射线光电子能谱进一步表征 Fe-N-G/bC 催化剂 Fe 和 N 的价键状态
（图 4.10（a））。作为对比，对 Fe-N/bC、Fe-N-G 和 G-N 样品进行了分析。根

据 XPS 计算得到的 Fe-N-G/bC 中 Fe 含量低于 TGA 结果（表 4.1），这是因为 XPS 不能充分测量覆盖在碳层中的 Fe_3C 纳米颗粒，XPS 检测限为～5 nm。根据文献报道，Fe 2p 谱图中～711.5 eV 处峰为 Fe 与 N 配位峰（图 4.10b），这表明 Fe 有效掺杂到材料中。分析比较 XPS 结果，我们发现 Fe-N-G/bC 中 Fe 含量（0.52%）比其他样品中 Fe 含量高。此外，N 1s 谱可以分为氧化氮（405.3 eV），季氨氮（402.8 eV），石墨氮（401.2 eV），Fe-Nx（399.3 eV）和吡啶氮（398.7 eV）（图 4.10c 和表 4.2），其中吡啶氮为 Fe 原子提供锚点。在这类型 N 1s 谱线中，吡啶氮和 Fe-Nx 被认为是主要催化活性位点[136]。

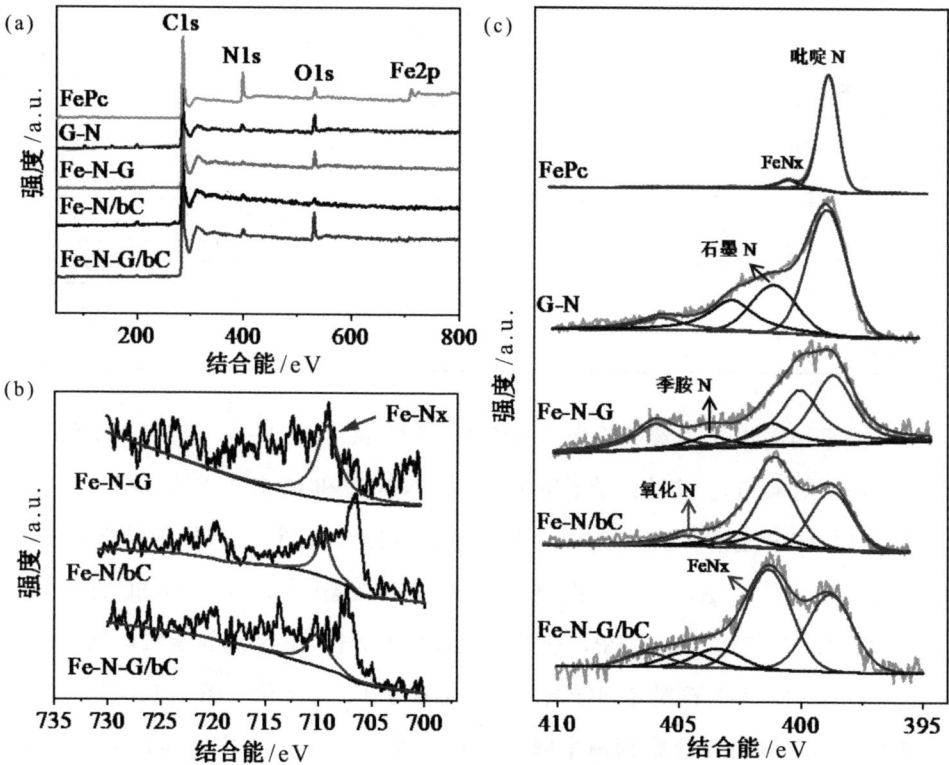

图 4.10 （a）Fe-N-G/bC 的 XPS 全谱以及与 G-N，Fe-N-G 和 Fe-N/bC 的比较，

（b）Fe2p 峰的分峰，（c）N1s 峰的分峰

表 4.1 G-N, Fe-N-G, Fe-N/bC 和 Fe-N-G/bC 中 C, N, Fe 和 O 的原子百分含量

样品	C 含量/ at%	N 含量/ at%	Fe 含量/ at%	O 含量/ at%
G-N	90.85%	4.20%	—	4.94%
Fe-N-G	91.95%	2.35%	0.33%	5.37%
Fe-N/bC	90.44%	2.82%	0.38%	6.37%
Fe-N-G/bC	94.47%	2.30%	0.52%	2.70%
FePc	75.71%	15.45%	3.54%	5.29%

表 4.2 G-N, Fe-N-G, Fe-N/bC 和 Fe-N-G/bC 催化剂中吡啶氮, Fe-N_x,
石墨氮, 季氨氮和氧化氮的原子含量

样品	吡啶 N/ at%	Fe-N_x/ at%	石墨 N/ at%	季胺 N/ at%	氧化 N/ at%
G-N	2.08%	—	0.90%	0.87%	0.35%
Fe-N-G	0.80%	0.73%	0.31%	0.16%	0.34%
Fe-N/bC	0.83%	1.10%	0.35%	0.31%	0.22%
Fe-N-G/bC	0.59%	0.10%	1.10%	0.26%	0.24%
FePc	14.03%	1.42%	—	—	—

实验采用同步 X 射线吸收光谱分析 Fe-N-G/bC，Fe-N-G，Fe-N/bC 和 G-N 原子结构（图 4.11）。实验记录了每个样品的 N K 边和 Fe L 边谱线。图 4.11（a）为 N K 边 XAS 光谱。该光谱中 π^* 区域 A1 峰为 C-N 键，A2 峰为吡啶氮，A3 峰为石墨氮，在 σ^* 区域～405 eV 为 C-N 的 s* 过渡态[137]。Fe-N-G/bC 催化剂的 N K 边谱线与卟啉铁（FeTPP，这是一个很好的分析 Fe-N 键的参照样品）的 N K 边谱线相似，表明石墨烯和碳纳米管上形成了 Fe-N 配位。图 4.11（b）中 Fe L 边光谱中能够明显观察到两个峰，分别归属于 Fe 的 3d 轨道和自旋状态峰。Fe-N-G/bC，Fe-N-G，Fe-N/bC 和 FeTPP 中 Fe L 边中的 B2 峰没有明显区别，暗示这些催化剂中原子 Fe 的键合状态类似。Fe-N-G/bC 样品 Fe L 边谱线中峰 B2/B1 表明 Fe^{3+} 处于低自旋状态[137-138]。采用扩展 X-射线吸收精细结构（EX-AFS）进一步分析了催化剂中原子 Fe 的键合结构。图 4.11（d）展示了 Fe K 边傅里叶变换的 k^2-权重 EXAFS 光谱。与 Fe 箔和 Fe_2O_3 参照样品相比较，Fe-N-

G 样品在 Fe-Fe 吸收峰的位置没有明显的峰，这与 STEM 结果一致，表明通过热 HCl 洗涤过后，Fe 物种呈原子态分散，没有聚集[121-122]。然而，在 Fe-N/bC 中能够明显观察到一个小峰，归属为 Fe-Fe 配位，表明 Fe-N/bC 中产生 Fe 的聚集体。Fe-N-G/bC 催化剂在 2.25 Å 出现峰，表明 Fe-C 配位的出现[137, 139-140]。更重要的是，Fe-N-G/bC，Fe-N-G 和 Fe-N/bC 催化剂在 1.56 Å 出现峰（没有相位校正）与参照样品酞菁铁（FePc）类似，此峰归属为第一壳层 Fe-N 配位[134, 141-142]。结合 XPS、XAS、XAFS 和 EELS 分析，证明在 Fe-N-G/bC 催化剂中，石墨烯片和碳纳米管上具有独立的 N 配位 Fe 原子结构。

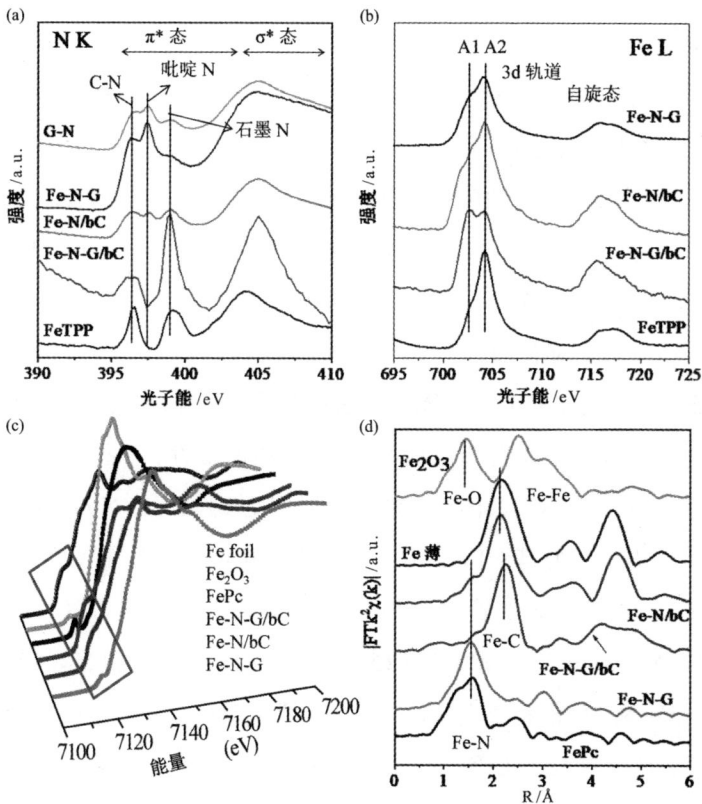

图 4.11 Fe-N-G/bC，G-N，Fe-N-G，Fe-N/bC 和纯 FePc 的 XAS 光谱 (a) N K 边和 (b) Fe L 边，(c) 不同催化剂的 Fe 的 K 边归一化 X-射线吸收近边结构光谱 (XANES)，虚线部分是 7227 eV 的边前吸收峰，(d) Fe-N-G/bC 催化剂和参照样品的 k^2-权重傅里叶转换光谱

4.3.5 催化剂的 CO_2 还原性能

图 4.12a，在 Ar-和 CO_2 饱和 0.1 mol/L 的 $KHCO_3$ 溶液中，用线性扫描伏安法（LSV）对 F-N-G/bC 催化剂 CO_2 电催化活性进行研究。本章中电压参照饱和甘汞电极（SCE）。在 Ar-饱和 $KHCO_3$ 溶液中，电流密度从 −1.2 V 处 −1.84 mA 逐渐增加为 −1.8 V 处的 −16.4 mA，电流密度的增加是由于电化学析氢反应（HER）的发生。在 CO_2 饱和 $KHCO_3$ 溶液中，起始电压为 −1.05 V，向正电压方向位移 0.15 V，考虑到在 pH 为 6.8 的溶液中，CO_2/CO 平衡电压为 −0.11 V（vs. 可逆氢电极，RHE），此时对应的过电压为 300 mV[25]。该过电压比先前报道的 N 掺杂石墨烯和 N 掺杂碳纳米管催化 CO_2 还原 CO 的过电压更低[25, 64, 136]。在 CO_2 饱和电解液中，阴极电流密度和起始电压增加，表明 F-N-G/bC 催化剂能有效还原 CO_2。

采用气相色谱（GC）和氢核磁共振谱（1H NMR）分别检测 CO_2 还原气体产物和液体产物。Fe-N-G/bC 催化剂主要产物是 CO，在应用电压范围内，用 NMR 没有检测到液体产物。图 4.12c 为不同催化剂在不同电压下产生 CO 法拉第效率。Fe-N-G/bC 催化剂最大 CO 法拉第效率为~95.8%，对应电压为 −1.3 V（vs. SCE），在较宽的电压范围内，法拉第效率不降低。此外，与其他催化剂相比，Fe-N-G/bC 催化剂展现出最高的 CO_2 还原活性，Fe-N-G 催化剂的法拉第效率为 74.5%，Fe-N/bC 的 CO 法拉第效率为 61.9%，N-G 的 CO 法拉第效率为 49.3%。更重要的是，Fe-N-G/bC 催化剂在更低电压下 CO 法拉第效率与文献报道的 N 掺杂碳纳米管（NCNTs）[64]、N 掺杂石墨烯（NG）[25]、Fe-N-C[74, 118]、NCNT-3-700[136] 和 Ni-N-C[71] 的 CO 催化效率相当，甚至性能更好（图 4.13）。Fe-N/bC 催化剂与 Fe-N-G/bC 催化剂中的 Fe 含量相当，但其 CO 法拉第效率更低，这是因为 Fe-N/bC 催化剂中立方 Fe 主要参与析氢反应，而没有 CO_2 还原活性，所以导致 CO 法拉第效率降低[74, 143]。Fe-N-G/bC 催化剂在阴极电压 0.9~1.7 V（vs. SCE）范围内，产生的 CO 偏电流密度明显比 Fe-N/bC，Fe-N-G 和 G-N 催化剂电流密度大，表明 Fe-N-G/bC 催化剂具有更高的活性（图 4.12b）。因为纳米金属催化剂和多晶金属在催化过程中极易失去活性，

设计理想 CO_2 还原电催化剂的另一标准是催化剂稳定性,因此,我们测试了 Fe-N-G/bC 催化剂在电极电压为 -1.3 V(vs. SCE)时的稳定性(图 4.12d)。在 12 h 催化期间内,电流密度保持在 -7.6 mA/cm 几乎不变,此外,CO 的法拉第效率也保持稳定水平,在电解期间,产生 CO 的法拉第效率在 $88\% \sim 96\%$ 之间轻微变动。催化剂较高的稳定性归功于 C、N 和 Fe 原子之间强烈的共价键作用[144]。

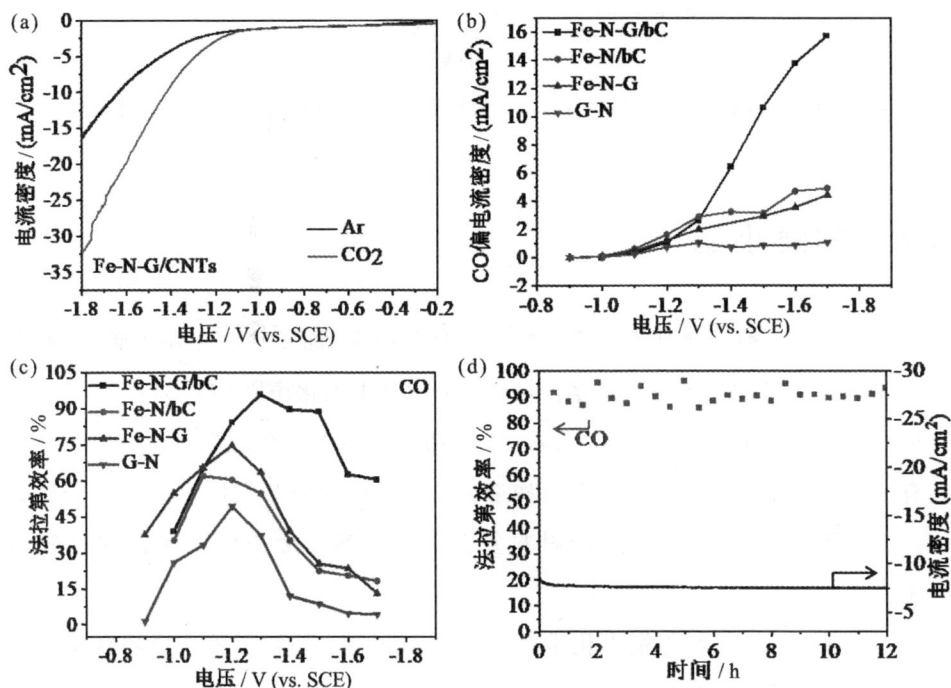

图 4.12 (a) Fe-N-G/bC 催化剂在 Ar 和 CO_2 饱和的 $KHCO_3$ 溶液中扫速为 20 mV/s 时的 LSV 扫描;Fe-N-G/bC, Fe-N/bC, Fe-N-G 和 G-N 电催化活性的比较:(b) CO 的偏电流密度和电压关系图;(c) CO 的法拉第效率和电压的关系;(d) Fe-N-G/bC 催化剂在电压为 -1.3 V(vs. SCE)时的稳定性

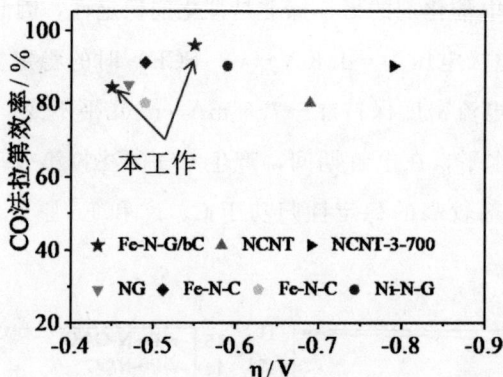

图 4.13　Fe-N-G/bC 催化剂和一些最近报道的催化剂的 CO_2 电催化还原性能比较

4.4　本章小结

　　成功合成一种新型原子剪裁材料，该材料中 Fe 原子独立存在于碳管/石墨烯上并与 N 原子配位稳定。该复合材料具有优异电催化还原 CO_2 为 CO 的性能。这种同时包含金属碳化物、原子 Fe、N 共掺杂的石墨烯和碳管的杂化材料，并具有较理想的孔隙结构和导电性的构造方法，能够进一步发展成为一种普遍方法。多种类型的金属单原子/碳材料复合电催化剂，会拓展其在各催化领域应用。

　　（1）通过石墨烯膜阳极电化学氧化［Bmim］$FeCl_4$ 离子液，成功获得单原子 Fe/石墨烯复合材料。

　　（2）通过石墨烯膜阳极电化学氧化［Bmim］$FeCl_4$ 离子液，并进一步通过高温热处理含离子液的石墨烯膜，成功制备出了单原子 Fe 掺杂的碳管/石墨烯复合催化剂（Fe-N-G/bC）。

　　（3）Fe、N 原子共掺杂的"竹节"碳管的生长是由于 Fe_3C 纳米晶体的催化作用，石墨烯的存在避免了 Fe 纳米晶和 Fe_3C 纳米晶的混相产生。石墨烯能够为单分散粒子的形成提供界面硬支撑作用。

　　（4）当催化剂中不含石墨烯时，催化剂 Fe-N/bC 的法拉第效率为 61.9％，说明单质 Fe 的存在，降低了 CO_2 电催化还原为 CO 的选择性。

（5）该 Fe-N-G/bC 催化剂具有优异的 CO_2 电催化还原活性。在电压 -1.3 V（vs. SCE）时，CO 的法拉第效率达 95.8%；该催化剂具有优良的稳定性，在 -1.3 V 电压催化 12 h 后，CO 的法拉第效率基本保持不变。

第五章 Fe原子掺杂的"分子碳链"/石墨烯复合材料的制备及其CO_2电催化还原性能

5.1 引言

不断增长的CO_2排放给环境、资源和气候带来严重问题，即所谓"温室效应"[111]。利用可再生能源将CO_2进行电化学还原是一种将CO_2转换为有价值燃料和化学品的可行方法[1, 145]。在过去的几十年里，贵金属作为电催化剂转化CO_2为CO已经被广泛研究，尤其是Ag[146-147]和Au[38, 40]。但是，贵金属催化剂成本高、易毒化和稀少，阻碍其实际应用。因此，向储量丰富且能将CO_2转换为CO的电催化剂的转变是不可避免的。碱金属（例如：Fe、Co、Ni和Mn）和N元素共同掺杂碳基材料已经被预测[77]和报道[71-72, 74, 118]是优异的电催化剂，该催化剂在水系环境中，替代贵金属催化剂还原CO_2具有可观前景。通过传统热解含有$Fe-N_4$结构金属Fe的大环化合物（例如：酞菁铁，FePc和氯化血红素，FeTPP）能够在石墨碳上有效制备独立的$Fe-N_x$活性位点。但是，在高温热处理过程中，这些大环化合物经受复杂且不可预测的转变，许多研究已经证明这些大环化合物在热解之后，通常在碳矩阵里除了产生与C和/或N原子配位的原子态分散的Fe离子，同时也能够产生许多Fe基纳米颗粒（氮化物、碳化物和氧化物）[148-152]。这些显著缺陷使学者们很难鉴别CO_2电催化还原反应和/或竞争性电化学析氢（HER）反应中起关键作用的活性物种。

已经有大量研究用Fe大环化合物电催化还原CO_2[153-157]。然而，这些大环分子是均相的，它们通常溶解在有机电解液和离子液中作为CO_2还原电催化剂，因此其分离和回收比较困难。通过共价键将卟啉铁嫁接在碳纳米管上已被报道

具有很高 CO_2 还原活性[158]。然而，对催化剂在工作条件下稳定性的需求，需要 Fe-N$_x$ 结构能够在石墨碳上能稳定保持，仅仅通过嫁接方式很难达到这种稳定性。因此，需要合成具有 Fe-N$_x$ 结构的无机材料作为 CO_2 还原多相电催化剂，但这也具有很大挑战。

第四章中，我们研究了原子 Fe、N 共掺杂的碳管/石墨烯复合材料的 CO_2 电催化还原性能，但所制备催化剂结构复杂，除含有原子 Fe 外，还含有大量 Fe$_3$C 纳米颗粒，给准确判断催化活性物种以及调控结构与性能的关系带来困难。在第四章工作的基础上，本章通过精确控制反应前驱物，制备出催化剂中只含有单原子 Fe，不含 Fe 基纳米颗粒的催化剂。通过热解 FeTPP 分子、三聚氰胺和石墨烯的混合物，研究了一种温和且能够大量制备单原子 Fe-N$_x$ 位点催化剂的方法，最终制备的催化剂在过电压为 0.35 V 时具有很高的 CO 法拉第效率（~95%），该催化剂具有优秀的循环稳定性，至少能保持 24 h 活性不降低，在已经报道的 Fe-N-C 基催化剂中，该催化剂具有最高的 CO_2 电催化还原活性。此外，在第三章工作的基础上，本章在 G/CF 复合膜表面原位引入原子 Fe 和 N，制备出高机械强度的柔性 CO_2 还原电催化剂，该催化剂无需集流体，能直接用于 CO_2 还原，由于其高强度高柔性能被整合到各种各样的反应器中以满足不同的需要和标准。

5.2　实验部分

G-FeTPP-M-a 催化剂的制备过程如图 5.1 所示。0.33 g FeTPP、25 mg 石墨烯和 5 g 三聚氰胺混合分散在 300 mL 甲醇中，室温下搅拌 12 h，旋转蒸发除去甲醇。烘干后混合物置于管式炉中，在 Ar 氛围中以 2 ℃/min 的升温速率，在 180 ℃、360 ℃和 800 ℃分别保持 2 h、2 h 和 1 h。然后将所得催化剂用 0.5 mol/L 的 H$_2$SO$_4$ 溶液在 80 ℃洗涤 24 h，再用去离子水洗至中性。最后在 100 ℃真空干燥箱中烘干即可得。通过改变前驱物的成分，用相似的方法制备了四种不同的催化剂作为比较研究：石墨烯和 FeTPP 的混合物热处理（G-FeTPP-a），FeTPP 和三聚氰胺的混合物热处理（FeTPP-M-a），石墨烯和三聚氰胺的混合物热处理（G-M-a）和 FeTPP 热处理（FeTPP-a）。

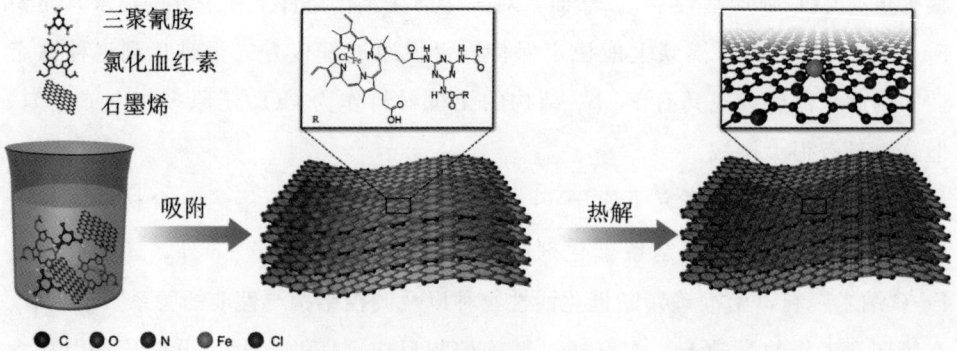

图 5.1　G-FeTPP-M-a 催化剂的制备过程示意图

5.3　结果与讨论

5.3.1　催化剂的形貌表征

催化剂表面结构和形貌用扫描电子显微镜和透射电子显微镜分析，如图 5.2（a）所示，FeTPP-a 催化剂呈现大小均匀的"梭型"，长度为～20 μm。图 5.2（e）为 G-FeTPP-a 催化剂形貌，当石墨烯和 FeTPP 作为前驱物时，在图 5.2（e）中"梭型"的表面长出了许多"岩钉"似的结构。图 5.2（c）为 FeTPP-M-a 催化剂形貌，当 FeTPP 和三聚氰胺作为前驱物时，"梭型"消失，"珊瑚状"结构出现。G-FeTPP-M-a 催化剂的形貌类似于石墨烯的片状结构（图 5.2（g））。图 5.3 为 G-FeTPP-M-a 催化剂的元素分布照片，从照片中可以看出，Fe 和 N 原子在催化剂上均匀分布。

基于 TEM 照片，G-FeTPP-M-a 催化剂的精细形貌如图 5.2（h）所示。G-FeTPP-M-a 催化剂局部聚集。通过热解吸附在石墨烯纳米片上的 FeTPP 分子和三聚氰胺，我们可以清楚地观察到原子层厚的"分子碳链"层负载在石墨烯纳米片上。"分子碳链"层的负载能够克服石墨烯纳米片在高温热处理过程中堆叠的缺陷，保持石墨烯优异的电子导电性，同时还能够提供多级孔隙有利于质量传输。这个结果与图 5.10 的 XRD 结果一致。这是因为随着 FeTPP 含量的增加，分子碳链层在石墨烯表面沉积的更加均匀，覆盖的面积越多，越有利于克服石墨烯在高温热处理过程中堆叠回石墨态，因而石墨峰变窄、变宽。当前驱物中不添加三聚氰胺时，FeTPP-a 催化剂（图 5.2（b））和 G-FeTPP-a 催化剂（图 5.2（f））中产生了一些单分散的 Fe 基纳米颗粒。然而，在 FeTPP-M-a 催化剂（图 5.2（d））和 G-M-a 催化剂（图 5.4（a），（b））中却没有出现 Fe 基纳米颗粒。FeTPP-M-a 催化剂（图 5.5（a），（b））和 FeTPP-a 催化剂（图 5.5（c），（d））在酸洗之前的 TEM 照片进一步证明了三聚氰胺加入能够阻止 Fe 基纳米颗粒的产生。

图 5.2 不同催化剂的 SEM 和 TEM（插图：HRTEM）照片，（a, b）FeTPP-a 催化剂，（c, d）FeTPP-M-a 催化剂，（e, f）G-FeTPP-a 催化剂和（g, h）G-FeTPP-M-a 催化剂

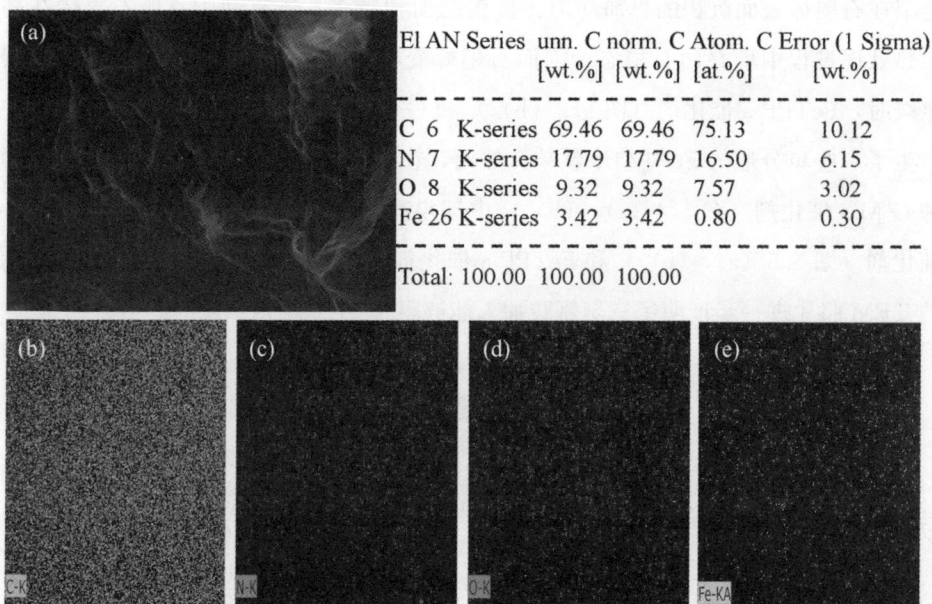

图 5.3 G-FeTPP-M-a 催化剂的元素分析结果：(a) SEM 照片（灰色）和定量 EDX 元素分布，(b) 碳（绿色），(c) 氮（红色），氧（紫色）和铁（黄色）

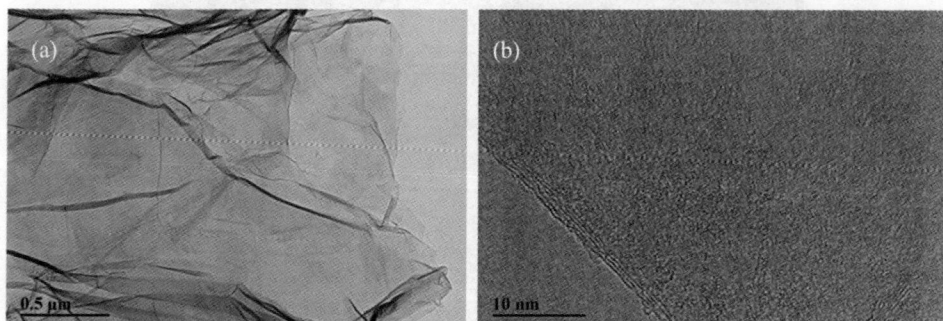

图 5.4 G-M-a 催化剂的 (a) TEM 和 (b) HRTEM 照片

为了得到 G-FeTPP-M-a 催化剂中 Fe 和 N 呈原子态分布的直接证据，用 AC-STEM 表征了该催化剂的高角环形暗场（HADDF）照片。从图 5.6（a）中可以看出，在 G-FeTPP-M-a 催化剂中，石墨烯纳米片表面覆盖了一层薄薄的碳层。从图 5.6（b），（c）中可以看到碳层中呈现出类似链状结构的"分子碳链"，同时大量原子尺寸的亮点在"分子碳链"层均匀分散。这些小亮大约为 1.5～

2.5Å，对应原子态分散的 Fe 基物种。通过电子能量损失光谱（EELS）进一步表征了 G-FeTPP-M-a 催化剂的元素分布，图 5.6（d），（e）显示了 Fe 和 N 的分布，暗示该催化剂中有 Fe-N$_x$ 结构。图 5.6（f）的 XPS 分析进一步证明该 G-FeTPP-M-a 催化剂中有 Fe-N$_x$ 结构。

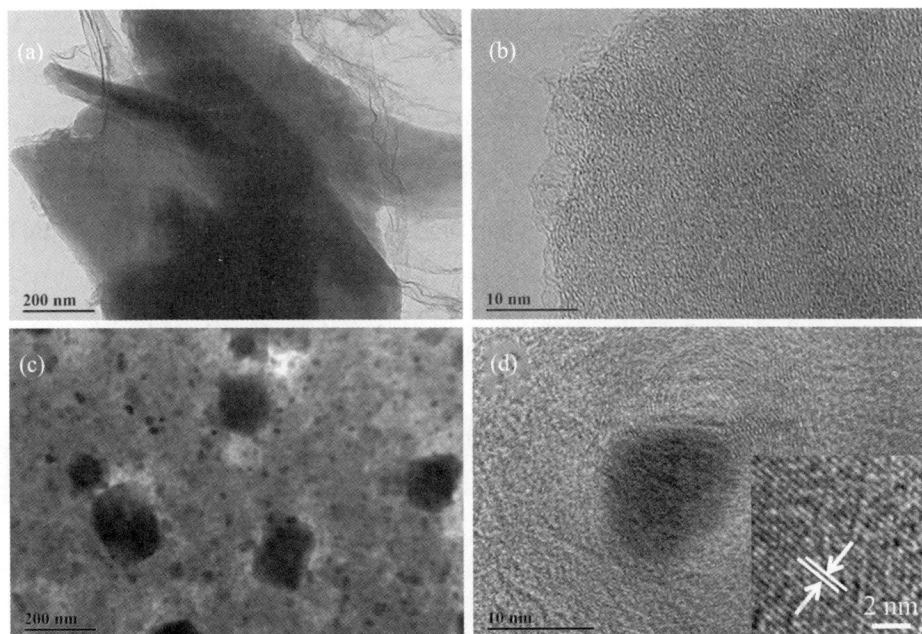

图 5.5　（a，b）FeTPP-M-a 催化剂和（c，d）FeTPP-a 催化剂酸洗之前的 TEM 和 HRTEM 照片

5.3.2　催化剂的结构分析

图 5.7a 展示了所制备催化剂 XRD 图谱。所有催化剂在 26°和 43°处都有峰，对应的分别是石墨碳的（002）和（100）晶面。相较于 G-FeTPP-M-a 催化剂和 G-FeTPP-a 催化剂中的（002）峰，G-M-a 催化剂中的（002）峰明显变窄、变强，这可能是由于通过高温热处理 FeTPP 得到的"分子碳链"层均匀分布在石墨烯表面，有效地阻止了石墨烯的聚集。显著地，G-FeTPP-a 催化剂和 FeTPP-a 催化剂中检测到了 Fe₂O₃ 的衍射峰（JCPDS no. 33-0664）。FeTPP-a 中除了 Fe₂O₃ 纳米颗粒的峰，还观察到了 Fe₃C 的衍射峰（JCPDS no. 85-1317），然而，在催化剂 G-FeTPP-M-a 和 FeTPP-M-a 中几乎没有检测到 Fe₂O₃ 和 Fe₃C 的衍射

峰[151]。这与 TEM 分析的结果一致。通过分析拉曼光谱的 D 带（1360 cm^{-1}）与 G 带（1590 cm^{-1}）的强度比值，能够表征材料的无序度。如图 5.7b 所示，G-FeTPP-a 催化剂和 FeTPP-a 催化剂 I_D/I_G 值比 G-FeTPP-M-a 催化剂和 FeTPP-M-a 催化剂 I_D/I_G 值低，表明前两者催化剂中碳的无序度较低。这是因为三聚氰胺中氮原子掺杂到石墨烯和"分子碳链"层中提高了材料的无序度。G-FeTPP-M-a 催化剂 I_D/I_G 值比 FeTPP-M-a 低，G-FeTPP-a 催化剂 I_D/I_G 值比 FeTPP-a 低，表明石墨烯的无序度比"碳链"层的无序度低。图 5.8 展现了不同前驱物混合物在 180 ℃ 的原位红外光谱。3536 cm^{-1}、3365 cm^{-1}、1772 cm^{-1} 和 846 cm^{-1} 处的吸收峰为酰胺键的吸收峰。由此推测三聚氰胺中的氨基和 FeTPP 中的羧基在加热过程中形成了酰胺键，导致在石墨烯纳米片上原位形成了多孔无定型"分子碳链"层[158]，抑制 FeTPP 结构中的 Fe-N 结构部分分解为小的 Fe 基纳米颗粒。

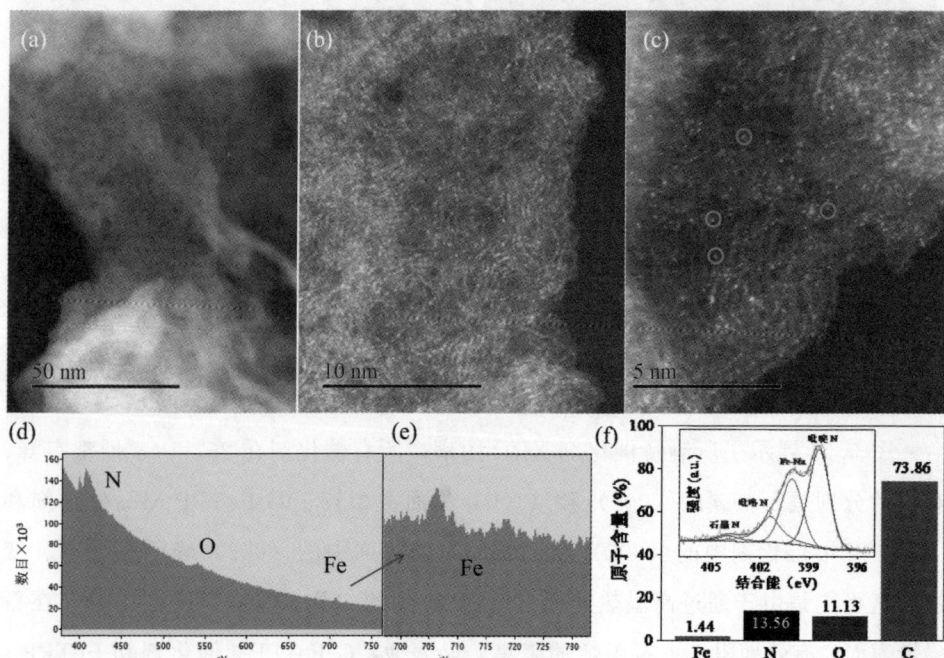

图 5.6　(a) G-FeTPP-M-a 催化剂的 STEM 照片，(b, c)"分子链碳"层上原子 Fe 的高分辨 HAADF 照片，单个 Fe 原子用红色的圆圈强调，(d, e) 图 5.6b 中 G-FeTPP-M-a 催化剂的 EELS 原子光谱，(f) G-FeTPP-M-a 催化剂的元素含量分布（插图为高分辨的 N1s 光谱）

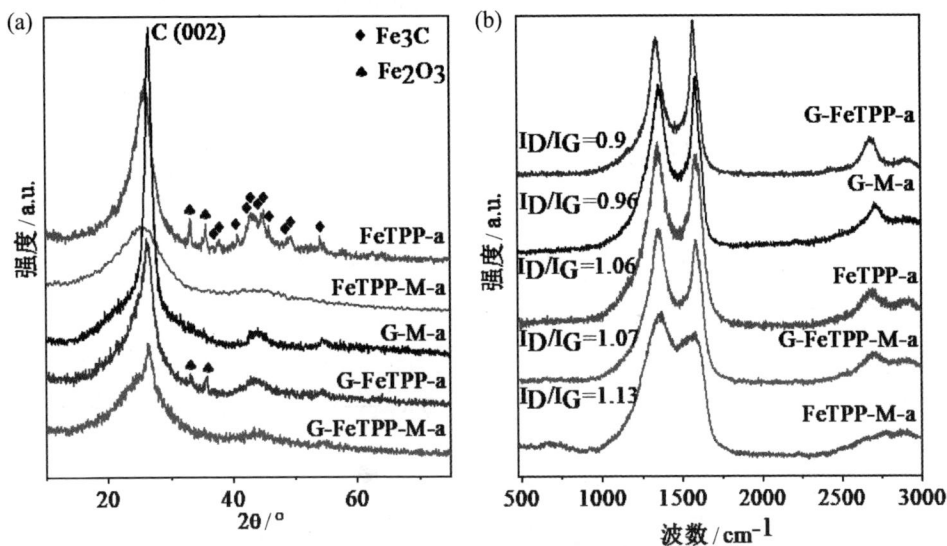

图 5.7　G-FeTPP-M-a，G-FeTPP-a，G-M-a，FeTPP-M-a 和
FeTPP-a 催化剂的 XRD 和 Raman 光谱

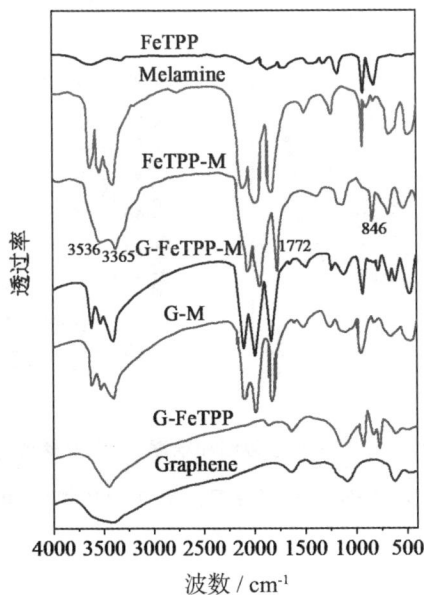

图 5.8　不同前驱物在 180 ℃的原位红外光谱

图 5.9 和表 5.1 通过 N_2 吸脱附分析研究催化剂 BET 比表面积和孔径分布。G-FeTPP-M-a 催化剂 BET 比表面积 118 m^2/g，孔体积为 0.21 cm^3/g，G-FeTPP-a 催化剂具有最高的比表面积（970 m^2/g）和孔体积（1.04 cm^3/g）。FeTPP-M-a 和 FeTPP-a 催化剂的比表面积分别是 23 m^2/g 和 33 m^2/g，与此同时，它们具有相同的孔体积 0.07 cm^3/g。正如 BET 结果所示，石墨烯能够显著增加催化剂比表面积和孔体积，比表面积和孔体积的增大有利于提高质量传输和暴露更多的 CO_2 电催化还原的活性位点。

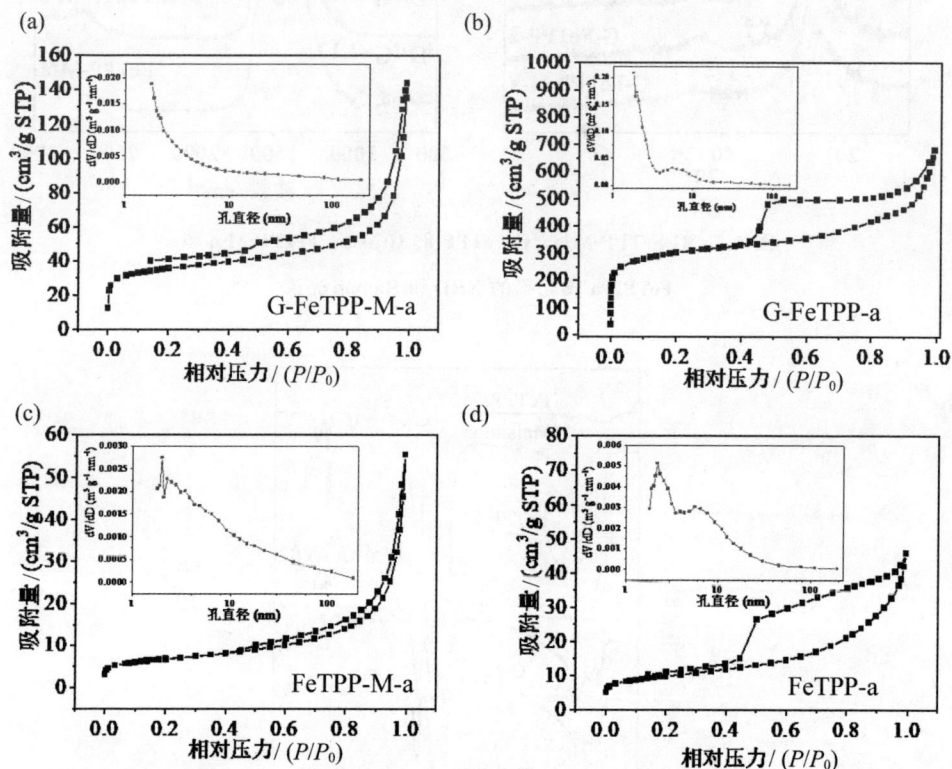

图 5.9　不同催化剂的 N_2 吸脱附等温线和根据 N_2 吸附得到的孔径分布（插图）：(a) G-FeTPP-M-a 催化剂，(b) G-FeTPP-a 催化剂，(c) FeTPP-M-a 催化剂和 (d) FeTPP-a 催化剂

表 5.1 G-FeTPP-M-a 催化剂的孔大小和体积分布以及与 G-FeTPP-a,

FeTPP-M-a FeTPP-a 催化剂的比较

样品	$S_{BET}/$ (m^2/g)	$S_{meso}/$ (m^2/g)	$S_{micro}/$ (m^2/g)	$V_{total}/$ (m^2/g)	$V_{meso}/$ (m^2/g)	$V_{micro}/$ (m^2/g)	$\dfrac{V_{micro}/}{V_{total}}$	D/nm
G-FeTPP-M-a	118	57	61	0.21	0.18	0.03	14%	7.09
G-FeTPP-a	970	466	504	1.04	0.78	0.26	25%	4.27
FeTPP-M-a	23	17	6	0.07	0.0672	0.0028	4%	12.90
FeTPP-a	33	25	8	0.07	0.0659	0.0041	6%	7.90

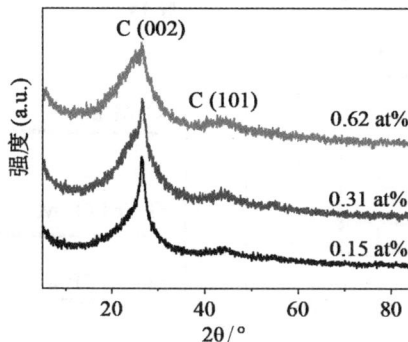

图 5.10 不同 Fe 含量的 G-FeTPP-M-a 催化剂的 XRD 图谱: 铁含量 0.15% (黑色),

铁含量 0.62% (绿色) 和铁含量 0.31% (红色)

5.3.3 催化剂的成分分析

采用 X 射线光电子能谱近一步分析 G-FeTPP-M-a 催化剂中 Fe 和 N 原子价态 (图 5.11), G-FeTPP-a, FeTPP-M-a, FeTPP-a, G-M-a 和 FePc 作为比较样品。图 5.11a 和表 5.2 分析表明, G-FeTPP-M-a 催化剂中 N 含量为 13.56%, Fe 含量为 1.44%, FeTPP-M-a 催化剂中 N 含量为 24.40%, Fe 含量为 2.32%, 这两种催化剂中 N 和 Fe 含量都比前驱物中没有添加三聚氰胺的 G-FeTPP-a 催化剂 (氮 1.65%, 铁 0.87%) 和 FeTPP-a 催化剂 (氮 5.18%, 铁 0.78%) 多。表明三聚氰胺能够促进氮掺杂, 结合更多的 Fe 原子。由此推测, N 原子掺杂到石墨碳中, 产生的空穴位点对 Fe 原子的固定起了关键作用, 由于 Fe 的 d 轨道和 N 的 2p 轨道之间强烈的杂化作用, 产生强烈的键合作用。这些 Fe 基催化剂的高分辨 N1s 谱线分为 4 个亚峰（图 5.11（b）和表 5.3）：石墨氮（403.9 eV），吡咯氮（401.4 eV），Fe-N_x（400.1 eV）和吡啶氮（398.4 eV），其中吡啶氮为 Fe 原子提供锚点[159]。在所有氮掺杂结构中，吡啶氮和 Fe-N_x 被认为是 CO_2 电化学还原性能的主要贡献者[74, 136]。图 5.11c 为 Fe 2p 的高分辨光谱，对应 Fe^{2+}（709.5 和 721.8 eV）和 Fe^{3+}（712.2 和 724.4 eV）以及 715.3 eV 处的卫星峰[160]。712.2 eV 处的峰对应为 Fe-N 配位峰[161]，表明 Fe 离子有效地掺杂到了杂化物中。

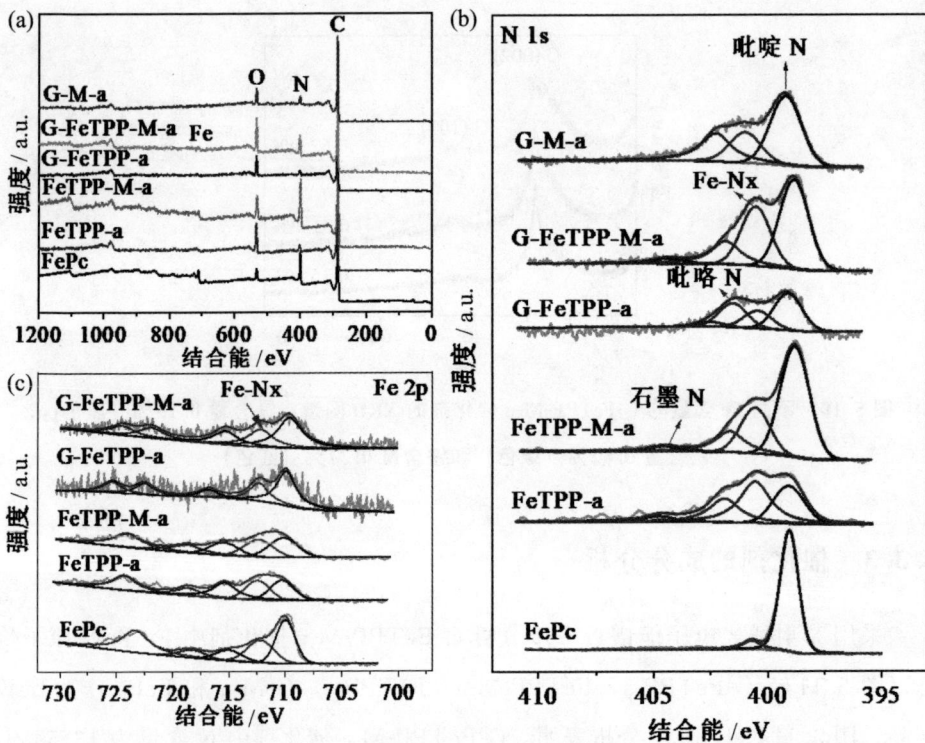

图 5.11 (a) G-FeTPP-M-a 的 XPS 全谱以及与 G-M-a，G-FeTPP-a，FeTPP-M-a，FeTPP-a 和 FePc 的比较，(b) N1s 峰的 XPS 分峰，(c) Fe2p 峰的 XPS 分峰

表 5.2 图 5.11a 中 G-FeTPP-M-a，G-M-a，G-FeTPP-a，FeTPP-M-a，FeTPP-a 和
FePc 的 XPS 图谱中 C，N，Fe 和 O 的原子含量

样品	C 含量/at%	N 含量/at%	Fe 含量/at%	O 含量/at%
G-M-a	87.61	6.10	—	6.28
G-FeTPP-M-a	73.86	13.56	1.44	11.13
G-FeTPP-a	90.28	1.65	0.87	7.20
FeTPP-M-a	65.75	24.40	2.32	7.53
FeTPP-a	82.93	5.18	0.78	11.11
FePc	75.71	15.45	3.54	5.29

表 5.3 图 5.11b 中 G-FeTPP-M-a，G-M-a，G-FeTPP-a，FeTPP-M-a，FeTPP-a 和
FePc 的 N1s 的 XPS 光谱中吡啶氮，Fe-Nₓ，吡咯氮和石墨氮的原子含量

样品	吡啶 N/at%	Fe-N$_x$/at%	吡咯 N/at%	石墨 N/at%
G-M-a	2.94	—	1.41	1.76
G-FeTPP-M-a	6.34	4.24	2.45	0.54
G-FeTPP-a	0.73	0.35	0.48	0.09
FeTPP-M-a	13.86	5.70	3.85	1.00
FeTPP-a	1.38	2.18	1.29	0.33
FePc	14.03	1.42	—	—

为了进一步鉴别 G-FeTPP-M-a 催化剂中 Fe-N$_x$ 原子结构，利用同步 X 射线吸收光谱表征该催化剂。图 5.12（a）清晰展现 N K 边光谱。N K 边 XAS 光谱有 3 个显著的峰，在 π^* 区域，A1 为 C-N 键，A2 为吡啶氮，A3 为石墨氮；在 σ^* 区域～405 eV 处的峰对应 C-N s* 过渡态[137]。G-FeTPP-M-a 催化剂中 A1 峰强度比 FeTPP-M-a 催化剂中 A1 峰强度大，这表明氮原子掺杂到了石墨烯的碳矩阵中。相较于 FeTPP，FeTPP-a 催化剂中出现了 A2 峰，这表明在高温热处理过程中 FeTPP 结构被破坏。G-FeTPP-M-a 和 FeTPP-M-a 中 A1 和 A2 峰强度比 FeTPP-a 强度增加，这表明三聚氰胺能够促进原子铁与氮原子配位，这与 XPS 分析结果一致。图 5.12（b）中 Fe L 边光谱两个明显的峰，分别为 Fe 3d 轨道和自旋状态。G-FeTPP-M-a 和 FeTPP-M-a 中 Fe L 边光谱没有明显区别，表明它们具有类似原子 Fe 键合

状态。FeTPP-a 催化剂的低强度 3d 轨道，表明 Fe^{3+} 处于低自旋状态[138]。图 5.12c 展示了催化剂 Fe K 边 X 射线吸收近边结构光谱（XANES）。在图 5.12（d）中，G-FeTPP-M-a 的 XANES 曲线显示的近边吸收能处于 Fe 箔和 Fe_2O_3 之间，这表明 Fe 单原子带正电[122]。实验采用 Fe K 边 EXAFS 进一步分析研究了催化剂的原子结构。图 5.12e 显示催化剂在 Fe K 边处 k^2 阶权重 EXAFS 光谱，Fe 箔，Fe_2O_3 和酞菁铁（FePc）作为参照。与 Fe 箔对比，G-FeTPP-M-a 催化剂没有明显 Fe-Fe，Fe-C 或 Fe-O 配位，这与 STEM 结果一致，表明 Fe 呈原子态分布，没有聚集。然而，在 FeTPP-a 催化剂和 G-FeTPP-a 催化剂中能够明显地观察到 Fe-O 相互作用，此外，在 FeTPP-a 催化剂中也能检测到 Fe-C 相互作用，这些表明形成了 Fe 基纳米颗粒[139-140]。更重要的是，G-FeTPP-M-a 催化剂在 1.57 Å（没有相位校正）处展现明显的峰，参照 FePc，此距离为第一壳层 Fe-N 距离，FePc 是探索是否存在 Fe-N 键的良好参照物，这证实 G-FeTPP-M-a 催化剂中存在 $Fe-N_x$ 配位[68, 134, 142]。综合 ELLS，XPS，XAS 和 EXAFS 分析，我们能够证明 G-FeTPP-M-a 催化剂中"分子碳链"上有独立的 Fe 原子与氮原子配位。

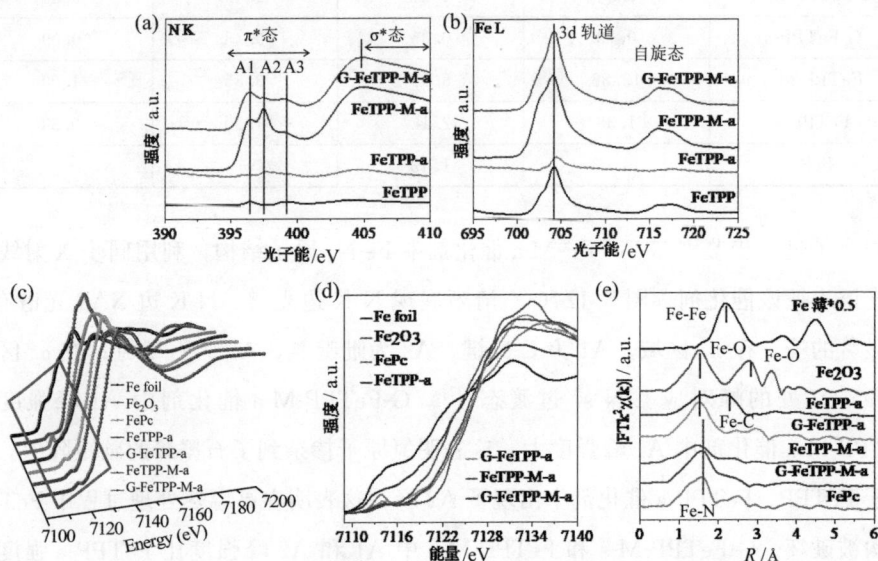

图 5.12 G-FeTPP-M-a 与 FeTPP-M-a，FeTPP-a 和纯 FeTPP 的 XAS 光谱比较 （a）N K 边，（b）Fe L 边，（c）Fe K 边归一化 XANES 光谱（虚线椭圆为 7117 eV 的边前峰），（d）边前 XANES 光谱的放大照片，（e）G-FeTPP-M-a 催化剂与参照样品的 k^2 阶权重傅里叶变换光谱

5.3.4　催化剂的 CO_2 还原性能

催化剂的 CO_2 电催化还原活性测试在自制双室电化学池中进行，电解液为 CO_2 饱和 0.1 mol/L $KHCO_3$ 溶液。将催化剂粉末与 nafion 溶液、异丙醇和去离子水混合，超声分散均匀，然后滴涂到导电碳纸上作为工作电极。为了比较 G-FeTPP-M-a 催化剂在 CO_2-和 Ar-饱和 0.1 mol/L 的 $KHCO_3$ 溶液中的催化活性，实验进行了线性扫描测试（LSV），如图 5.13（a）所示。本章中所有电压都是参照饱和甘汞电极（SCE）。在 Ar-饱和 0.1 mol/L $KHCO_3$ 溶液中，随着电压下降，电流密度单调增加，这是由于析氢反应（HER）。在 CO_2-饱和 $KHCO_3$ 溶液中，电流密度增加更加明显，起始电压为 -0.9 V，向正电压方向移动 0.43 V，考虑到 CO_2/CO 在 pH 为 6.8 时的平衡电位为 -0.11 V（vs. RHE）[25]，该电压对应于 150 mV 过电位。当电解液中出现 CO_2，阴极电流密度的增加归功于 CO_2 电催化还原与 HER 的协同作用。

尽管在 CO_2 氛围下，G-FeTPP-M-a 催化剂起始电位和阴极电流密度有所增加，但是，因为 CO_2 电催化还原和 HER 是相互联系的，CO_2 溶解在 $KHCO_3$ 电解液中将会反过来降低溶液 pH 值，进一步加强 HER[162]。因此，仅依据 LSV 测试是不能绝对证明 CO_2 还原活性。因此，实验用气相色谱（GC）表征还原气体产物，用氢核磁共振谱（H NMR）分析液体产物去进一步证明 CO_2 还原反应。用 GC 仅检测到 CO 和 H_2，通过 NMR 没有检测到液体产物。在电压为 $-0.9 \sim -1.7$ V（vs. SCE）之间，实验测试 G-FeTPP-M-a，G-FeTPP-a，FeTPP-M-a，FeTPP-a 和 G-M-a 的 CO 法拉第效率。如图 5.13（b）所示，G-FeTPP-M-a 催化剂展现出最高的 CO 法拉第效率，在电压为 -1.1 V（vs. SCE）时，产生 CO 法拉第效率为 97%，对应过电位为 0.35 V。其他催化剂 CO 法拉第效率分别为 G-FeTPP-a（81%），FeTPP-a（79%），FeTPP-M-a（67%）和 G-M-a（31%）。值得注意的是，G-FeTPP-M-a 和 G-FeTPP-a 最高 CO 产生时的过电位比 FeTPP-M-a 和 FeTPP-a 低。这是由于石墨烯添加到前驱物后，增加了催化剂比表面积和孔体积，有利于质子和 CO_2 分子在催化剂表面分布，创造更多 CO_2 转化活性位点[163]。尽管 G-FeTPP-a 的比表面积和孔体积远高于 G-FeT-

PP-M-a，但由于 G-FeTPP-a 中 Fe 基纳米粒子没有 CO_2 电催化还原活性，反而降低了 CO 法拉第效率[74]。更重要的是，G-FeTPP-M-a 催化剂在相对较低过电压下，产生 CO 法拉第效率比最近报道最好的电催化剂 NG[25]，Fe-N-C[118]，Fe-N-C[74]，Ni-N-G[71]，NCNT[64] 和 NCNT-3-700[136] CO 法拉第效率还要高（图 5.13（e））。G-FeTPP-M-a 和 G-FeTPP-a 催化剂 CO 偏电流密度明显比 FeTPP-M-a 和 FeTPP-a 催化剂高（图 5.13（c））。CO 产生速率在 $-0.9 \sim -1.7$ V（vs. SCE）范围内变化很大。随着电压增大，G-FeTPP-M-a 和 G-FeTPP-a 催化剂的 CO 产生速率大幅度增加，然而，FeTPP-M-a 和 FeTPP-a 具有相当的 CO 产生速率（图 5.13d）。这些研究表明 G-FeTPP-M-a 催化剂具有最高的 CO_2 转化活性将。G-M-a 催化剂活性明显比 G-FeTPP-M-a、FeTPP-M-a、G-FeTPP-a、FeTPP-a 催化剂低，表明原子 $Fe-N_x$ 位点的掺杂在 CO_2 电催化还原过程中起显著作用。

催化剂稳定性是设计理想 CO_2 还原电催化剂的另一个关键标准。金属催化剂在催化过程中会严重失活，失活机理仍然模糊不清[164-165]。因此，测试了 G-FeTPP-M-a 催化剂在恒定电压 -1.1 V（vs. SCE）时 24 h 的稳定性（图 5.13f）。在整个稳定性测试过程中，电流密度在 -1.9 mA/cm 处保持稳定。此外，在整个电解期间，CO 法拉第效率在 $\sim 97\%$ 附近轻微波动。该催化剂超高的稳定性归功于 C-N-Fe 原子间强烈的共价键合作用[144]。

5.3.5 催化剂的 CO_2 还原机理

推测在催化剂表面，电催化还原 CO_2 为 CO 的反应机理通过吸附中间物 COOH * 和 CO *。电催化还原 CO_2 为 CO 的反应的反应步骤如图 5.14 所示。类似反应中间物已在 N-CNT[64] 和 NiN-GS[72] 催化剂中提出。此外，优异的 CO_2 电催化活性也得益于石墨烯良好的导电性，利于电子传输。G-FeTPP-M-a 催化剂的层状结构有利于 CO_2 和质子传输到活性位点。

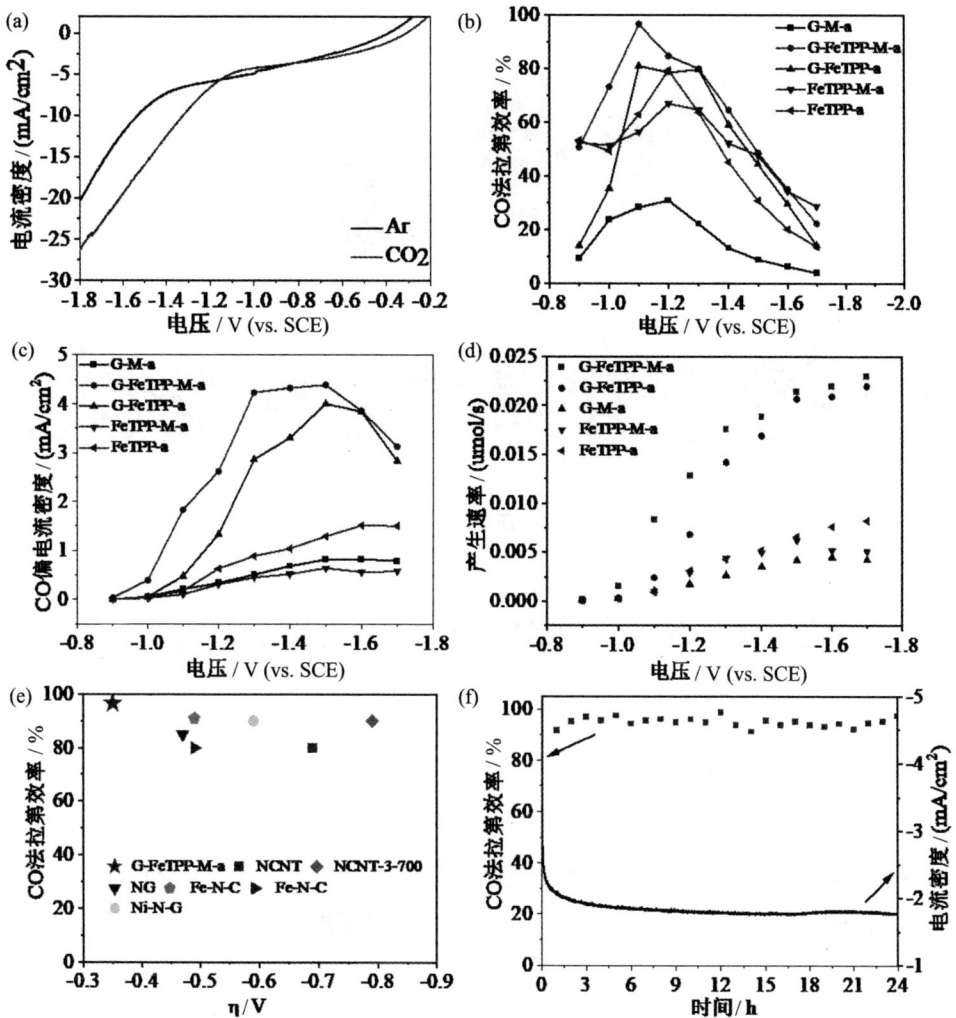

图 5.13　（a）G-FeTPP-M-a 催化剂在 Ar 或 CO₂ 饱和的 0.1 mol/L 的 KHCO₃ 溶液中扫速为 20 mV/s 时的 LSV 曲线；G-FeTPP-M-a，G-FeTPP-a，FeTPP-M-a，FeTPP-a 和 G-M-a 的电催化活性比较：（b）CO 的法拉第效率和电压的关系图，（c）CO 的部分电流密度与电压的关系图和（d）CO 的生产速率与电压的关系图；（e）G-FeTPP-M-a 催化剂与一些最近报道的催化剂的 CO₂ 电催化还原性能比较；（f）G-FeTPP-M-a 催化剂在电压为 −1.1 V（vs. SCE）时电解 24 h 的长期耐久性能图

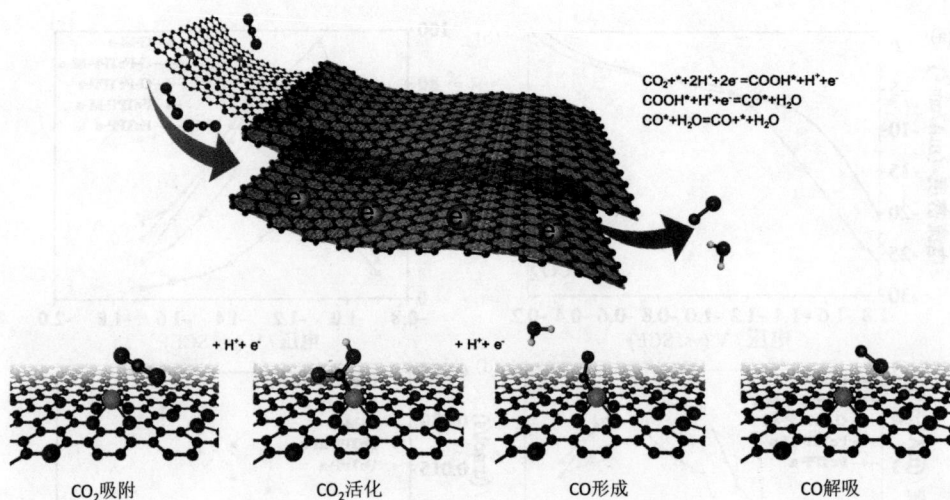

$$CO_2+*+2H^++2e^-=COOH^*+H^++e^-$$
$$COOH^*+H^++e^-=CO^*+H_2O$$
$$CO^*+H_2O=CO+*+H_2O$$

| CO_2吸附 | CO_2活化 | CO形成 | CO解吸 |

图 5.14　电催化 CO_2 还原为 CO 的反应步骤示意图

5.3.6　Fe, N 共掺杂的 G/CF 复合膜的 CO_2 电催化还原

将本章实验中所制备前驱物：0.33 g FeTPP、50 mg 石墨烯和 5 g 三聚氰胺的混合物均匀涂覆在第三章所制备 G/CF 复合膜两表面，待该复合膜干燥后，置于管式炉中，在 Ar 氛围中以 2 ℃/min 的升温速率升温，在 180 ℃、360 ℃和 800 ℃分别保持 2 h、2 h 和 1 h。然后将所得复合膜用 0.5 mol/L H_2SO_4 溶液在 80 ℃洗涤24 h，再用去离子水洗至中性。最后在 100 ℃真空干燥箱中烘干，得到 Fe、N 共掺杂 G/CF 复合膜（Fe-N-G/CF），该复合膜具有很好的柔性如图 5.15 所示。通过扩大 G/CF 膜的大小，实现 Fe-N-G/CF 复合膜的大规模制备。

图 5.15　柔性 Fe-N-G/CF 复合膜的光学照片

采用自制的双室电解池测试了 Fe-N-G/CF 复合膜的 CO₂ 电催化还原活性，电解液为 CO₂ 饱和 0.1 mol/L KHCO₃ 溶液。Fe-N-G/CF 复合膜能够直接作为工作电极不需要额外的粘结剂和导电基底。在 CO₂-和 Ar-饱和 0.1 mol/L KHCO₃ 溶液中，测试 Fe-N-G/CF 复合膜的线性扫描曲线（LSV），如图 5.16（a）所示。在 CO₂-饱和的 KHCO₃ 溶液中，电流密度明显比在 Ar-饱和 KHCO₃ 溶液中电流密度大。图 5.16（b）为 Fe-N-G/CF 复合膜催化剂的 CO 法拉第效率，最高 CO 法拉第效率为 87%，在一定的电压范围内，法拉第效率保持不变。此外，我们还测试了 Fe-N-G/CF 复合膜电极在不同的折叠次数下的 i-t 曲线，如图 5.16（c）所示，电极在折叠 3 次后，与初始折叠 1 次的电极呈现出相同的 i-t 曲线，表明 Fe-N-G/CF 复合膜电极具有优异的稳定性和柔性。

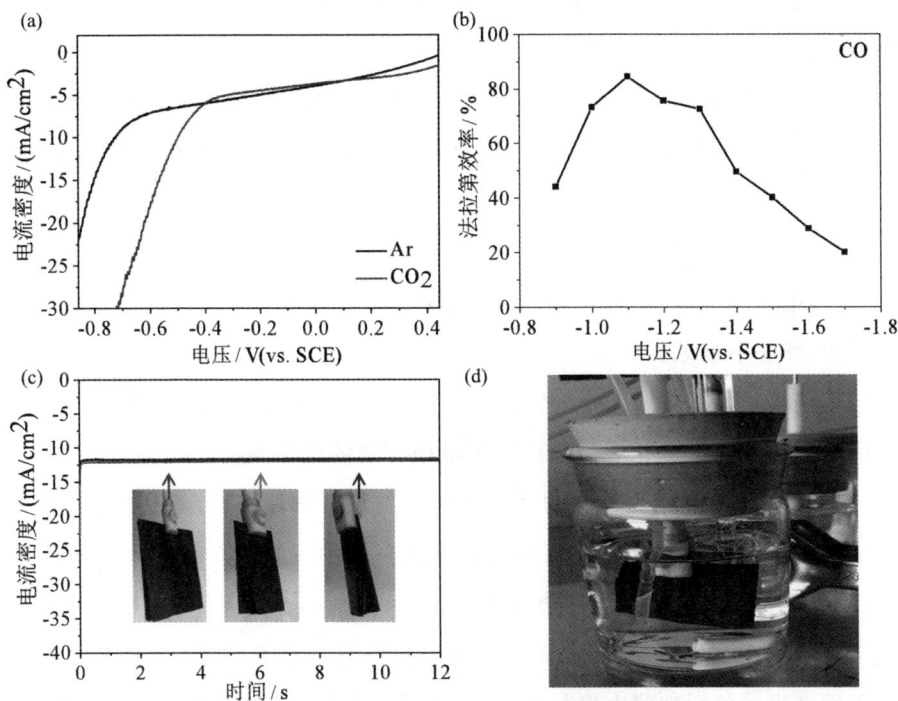

图 5.16 （a）Fe-N-G/CF 复合膜催化剂在 Ar-或 CO₂ 饱和的 0.1 mol/L 的 KHCO₃ 溶液中，扫速为 20 mV/s 时的 LSV 曲线，（b）Fe-N-G/CF 复合膜 CO 的法拉第效率和电压的关系图，（c）Fe-N-G/CF 复合膜电极在电压为 -1.1 V，折叠 1 次，2 次和 3 次的 i-t 曲线，（d）4 cm² ×3 cm² 的 Fe-N-G/CF 复合膜电极的 CO₂ 还原光学照片

5.4 本章小结

通过分子组装复合和程序化热处理，制备出 Fe 原子掺杂的"分子碳链"/石墨烯的新结构复合材料，具有 CO_2 电催化还原成 CO 的高性能。这种简单地原位构建原子 Fe-N_x 结构的方法能够进一步发展成一种普遍方法合成多种金属单原子/碳基材料电催化剂，能应用在更多非均相催化反应。

（1）通过缓慢热处理在石墨烯表面的卟啉铁和三聚氰胺自组装并形成共价键，制备出了原子 Fe 含量为~1.44%的"分子碳链"与石墨烯的杂化的准二维材料。

（2）通过同步辐射和双球差电镜电子能量损失谱分析，石墨烯负载的"分子碳链"具有 Fe-N_x 精细微结构。

（3）石墨烯作为导电支撑固定"分子碳链"层，不仅增加了催化剂的导电性，促进了电子运输，而且增加了催化剂的比表面积和孔体积，有利于传质，使 CO_2 电催化性能显著增加。

（4）在水系电解液中，该电催化剂能够高效率和高选择性地将 CO_2 还原为 CO，在过电压为 0.35 V 时，CO 的最高法拉第效率达到~97%，催化效率能够保持至少 24 h 不衰减。

（5）该催化剂优异的 CO_2 电化学还原性能归因于大量 Fe-N_x 催化活性中心，良好的传质作用，大的比表面积以及膜电极较高的机械强度。

（6）石墨烯表面原位形成的"分子碳链"层，抑制了高温热处理过程中石墨烯的聚集。石墨烯的分散作用以及热处理过程中三聚氰胺与卟啉铁的共价作用，有利于 Fe 以单分散的原子态存在。

（7）通过在石墨烯/碳纤维复合膜表面原位引入原子 Fe 和 N 掺杂，制备出大面积的高强度的柔性膜电极材料，为 CO_2 高效电还原的升级制备打下基础。

第六章　结论与展望

6.1　结论

本书以电化学法剥离的石墨烯为主要原料，首先通过与碳纤维复合制备高强度、高比表面积的碳碳复合薄膜材料，为研制大面积的有一定机械强度和高比表面的催化剂载体材料奠定基础。其次，使用不同的方法制备出不同精细微结构的石墨烯基单分散铁原子催化剂，获得 CO_2 电催化转化高性能。通过电化学氧化，以铁基离子液为 Fe 源和以三聚氰胺为 N 源，成功制备了原子 Fe 和 N 共掺杂的石墨烯/碳管复合碳材料，获得了 CO_2 电催化还原高性能。从另一途径出发，通过卟啉铁和三聚氰胺自组装和慢速热处理键合碳化，成功制备了原子 Fe 和 N 共掺杂的"分子状碳链"/石墨烯复合材料，获得了 CO_2 电催化还原更高性能。最后，在石墨烯/碳纤维复合膜上原位引入原子 Fe 和 N，制备出了较大面积的具有机械强度的柔性的 CO_2 催化电极材料。通过系统地研究，得出的主要结论如下。

（1）为获得大面积的高强度的催化载体材料，采用了电化学辅助铺展碳纤维束结合原位活化石墨烯/纤维素等方法，成功制备了碳纤维-石墨烯以及碳纤维-石墨烯-多级孔活性炭的两种碳-碳复合膜材料。在石墨烯分散的硫酸电解液中，用电化学驱动方法将碳纤维丝束展开，水挥发后石墨烯固定展开的碳纤维丝成 G/CF 膜。42 微米厚度的 G/CF 膜呈现优异的电磁屏蔽性能：$1.0 \sim 18.0$ GHz 的微波频率范围内电磁屏蔽效能达 $42 \sim 56$ dB。实验表明，电化学剥离的 $15 \sim 30$ μm 大尺寸的石墨烯能够促进碳纤维束的展丝，能够固定展开的碳纤维丝成超薄膜材料，且能够保护碳纤维在热活化过程中不被强碱腐蚀。所合成的碳纤维—石墨烯—多级孔炭膜材料具有超高的机械强度（5.3 GPa）、高柔性、高比表面积（831 m^2/g），多级孔分布孔径等特征。无需粘结剂，G-aC/CF 复合膜作为柔性的超级电容器电极水系中的比容量达 150 F/g。石墨烯与碳纤维的结合，就像混凝土，碳纤维为钢筋似的结构支撑，石墨烯或石墨烯/活性炭为水泥似的功能化材料。结构与功能一体化膜材料的设计为催化剂的升级制备打下基础。

（2）合成了"竹节"碳管/石墨烯负载单分散铁原子的新型催化材料，具有 CO_2 电化学还原的高催化活性，实现了石墨烯上原位生长铁原子掺杂的碳管，讨论了石墨烯与碳管双负载单分散铁原子的协同催化作用。通过石墨烯膜阳极电化学氧化 [Bmim] $FeCl_4$ 离子液，并进一步通过高温热处理含液的石墨烯膜，制备出了单原子 Fe 掺杂的碳管/石墨烯复合催化剂（Fe-N-G/bC）。系统比较了 G-N、Fe-N-G、Fe-N/bC 和 Fe-N-G/bC 的结构、成分与 CO_2 电化学还原性能。研究表明，Fe、N 原子共掺杂的"竹节"碳管的生长是由于 Fe_3C 纳米晶体的催化作用，石墨烯的存在避免了 Fe 纳米晶和 Fe_3C 纳米晶的混相产生，石墨烯良好的导热性能有利于生成 Fe_3C 纳米晶体单一相。Fe-N-G/bC 催化剂具有高效的电催化转化 CO_2 为 CO 的高性能，在较低的过电压下（0.55 V），CO 的法拉第效率能够达到～95%，电催化的稳定性达至少 12 h 内法拉第效率几乎不衰减。

（3）通过分子组装复合和程序化热处理，制备出 Fe 原子掺杂的"分子状碳链"覆盖石墨烯的新结构复合材料，具有 CO_2 电催化还原成 CO 的高性能。通过缓慢热处理，石墨烯表面的卟啉铁和三聚氰胺自组装键合并碳化转化，形成了原子 Fe 含量为～1.44% 的"分子碳链"生长在石墨烯表面的准二维新催化材料。研究比较了 G-N、FeTPP-a、FeTPP-M-a、G-FeTPP-a 和 G-FeTPP-M-a 的微结构、成分和 CO_2 电化学还原性能，并揭示原子 $Fe-N_x$ 对电催化还原 CO_2 为 CO 起了重要作用。通过同步辐射和双球差电镜电子能量损失谱分析，石墨烯负载的"分子碳链"具有 $Fe-N_x$ 精细微结构。在水系电解液中，该电催化剂能够高效率和高选择性地将 CO_2 还原为 CO，在过电压为 0.35 V 时，CO 的法拉第效率达到～97%，催化效率能够保持至少 24 h 不衰减。该催化剂优异的 CO_2 电化学还原性能归因于大量 $Fe-N_x$ 催化活性中心，良好的传质作用，大的比表面积以及膜电极较高的机械强度等。石墨烯作为导电支撑固定"分子碳链"层，不仅增加了催化剂的导电性，促进了电子运输，而且增加了催化剂的比表面积和孔体积，有利于传质，使 CO_2 电催化性能显著增加。另一方面，石墨烯表面原位形成的"分子碳链"层,抑制了高温热处理过程中石墨烯的聚集。石墨烯的分散作用以及热处理过程中三聚氰胺与卟啉铁的共价作用,有利于 Fe 以单分散的原子态存在。此外,通过在石墨烯/碳纤维复合膜表面原位引入原子 Fe 和 N 掺杂,制备出大面积的高强度的柔性膜电极材料,为 CO_2 高效电还原的升级制备打下基础。

6.2　创新点

(1) 采用石墨烯硫酸分散液电解驱动方式对碳纤维束进行展丝和定型,制备出高机械强度的碳纤维/石墨烯/多级孔活性炭的"碳基混凝土式"的多功能复合材料。功能结构一体化设计出高柔性、高电磁屏蔽性能、高比表面积、高比容量的轻质碳膜材料,为碳材料的应用提供了新思路。

(2) 以电化学氧化铁基离子液体和高温热处理相结合的方法,制备了原子 Fe 嵌入的"竹节"碳管/石墨烯新型碳复合催化剂,通过对比实验和高端表征,揭示了石墨烯有助于 Fe_3C 的产生和掺杂碳管的产生,并揭示了 sp^2 碳支撑的原子 Fe 与 N 配位对电催化还原 CO_2 为 CO 起了活性位的重要作用。

(3) 设计制备了石墨烯表面原位覆盖的原子态 Fe 嵌入的"分子状碳链"新型准二维催化剂,通过原位红外、同步辐射和 EELS 等高端表征和对比实验,揭示了石墨烯的本征特性和界面作用促进了催化剂的导电性和比表面积的提高,卟啉铁和三聚氰胺的键合、碳化链化以及原子态 $Fe\text{-}N_x$ 活性位的形成。在 G/CF 复合膜上原位引入原子 Fe 和 N 共掺杂,制备出较大面积的一定机械强度、柔性的 Fe-N-G/CF 复合膜材料,直接作为 CO_2 还原电催化剂,为催化材料的升级制备打下基础。

6.3　展望

本书以石墨烯为起始原料制备出了石墨烯、活性炭和碳纤维复合膜,研究了其机械强度、电磁屏蔽、柔性、超级电容性能,高强度 G/CF 复合膜为高强度催化剂载体作基础;制备出了单原子 Fe 和 N 共掺杂的"竹节"碳管/石墨烯复合催化剂、"碳链"/石墨烯复合催化剂以及具有高机械强度的 Fe-N-G/CF 膜催化剂，研究了催化剂结构与其 CO_2 电催化还原的性能关系。但是由于实验条件和时间的限制，还存在很多设想未能完成，下一步的工作可以从以下几个方面进行研究：

（1）通过调控实验条件，更加精准的制备 Fe 单原子，研究 Fe 的存在形态（单质、氧化物、氮化物、碳化物）对 CO_2 电催化活性的影响；

（2）更精准的研究单原子 Fe 与氮的配位结构，分析配位数对 CO_2 电催化活性的影响；

（3）利用原位 TEM、原位红外光谱和原位拉曼光谱等技术研究金属单原子形成的机理；

（4）利用同步辐射，原位测试催化剂的 CO_2 电催化活性，研究反应机理；

（5）制备系列其他金属单原子如 Co、Ni、Cu 和 Mn 等掺杂的石墨烯基材料，研究比较这些金属单原子的 CO_2 电催化还原活性和机理；

（6）研究这些催化剂的其他电化学应用，如 ORR、Zn-air 电池和锂电池等，并将材料的结构与化学特性进行关联。

参考文献

[1] ZHU D D, LIU J L, QIAO S Z. Recent advances in inorganic heterogeneous electrocatalysts for reduction of carbon dioxide [J]. Advanced Materials, 2016, 28 (18): 3423-3452.

[2] AKHADE S A, LUO W J, NIE X W, et al. Theoretical insight on reactivity trends in CO_2 electroreduction across transition metals [J]. Catalysis Science & Technology, 2016, 6 (4): 1042-1053.

[3] FELDMAN D R, COLLINS W D, GERO P J, et al. Observational determination of surface radiative forcing by CO_2 from 2000 to 2010 [J]. Nature, 2015, 519 (7543): 339-343.

[4] CHABOT V, HIGGINS D, YU A P, et al. A review of graphene and graphene oxide sponge: material synthesis and applications to energy and the environment [J]. Energy & Environmental Science, 2014, 7 (5): 1564-1596.

[5] ALLEN M J, TUNG V C, KANER R B. Honeycomb carbon: a review of graphene [J]. Chemical Reviews, 2010, 110 (1): 132-145.

[6] WORDLEY M A, PAUZAUSKIE P J, OLSON T Y, et al. Synthesis of graphene aerogel with high electrical conductivity [J]. Journal of the American Chemical Society, 2010, 132: 14067-14069.

[7] BALANDIN A A, GHOSH S, Bao W Z, et al. Superior thermal conductivity of single-layer graphene [J]. Nano Letters, 2008, 8 (3): 902-907.

[8] WANG G X, SHEN X P, YAO J, et al. Graphene nanosheets for enhanced lithium storage in lithium ion batteries [J]. Carbon, 2009, 47 (8): 2049-2053.

[9] LI X F, HU Y H, LIU J, et al. Structurally tailored graphene nanosheets as lithium ion battery anodes: an insight to yield exceptionally high lithium storage performance [J]. Nanoscale, 2013, 5: 12607-12615.

[10] HASSOUN J, BONACCORSO F, AGOSTINI M, et al. An advanced lithium-ion battery based on a graphene anode and a lithium iron phosphate cathode [J]. Nano Letters, 2014, 14: 4901-4906.

[11] HUANG Y, LIANG J J, CHEN Y S. An overview of the applications of graphene-based materials in supercapacitors [J]. Small, 2012, 8 (12): 1805-1834.

[12] PANDIT B, KARADE S S, SANKAPL B R. Hexagonal VS_2 anchored MWCNTs: first approach to design flexible solid-state symmetric supercapacitor device [J]. ACS Applied Materials & Interfaces, 2017, 9 (51): 44880-44891.

[13] PITTELLI S L, SHEN D E, OSTERHOLM A M, et al. Chemical oxidation of polymer electrodes for redox active devices: stabilization through interfacial interactions [J]. ACS Applied Materials & Interfaces, 2018, 10 (1): 970-978.

[14] KOTAL M, THAKUR A K, BHOWMICK A K. Polyaniline-carbon nanofiber composite by a chemical grafting approach and its supercapacitor application [J]. ACS Applied Materials & Interfaces, 2013, 5 (17): 8374-8386.

[15] DUAY J, SHERRILL S A, GUI Z, et al. Self-limiting electrodeposition of hierarchical MnO_2 and M $(OH)_2/MnO_2$ nanofibril/nanowires: mechanism and supercapacitor properties [J]. ACS Nano, 2013, 7 (2): 1200-1214.

[16] HU J, KANG Z, LI F, et al. Graphene with three-dimensional architecture for high performance supercapacitor [J]. Carbon, 2014, 67: 221-229.

[17] MAITI U N, LIM J, LEE K E, et al. Three-dimensional shape engi-

neered, interfacial gelation of reduced graphene oxide for high rate, large capacity supercapacitors [J]. Advanced Materials, 2014, 26 (4): 615-619.

[18] LEE J H, PARK N, KIM B G, et al. Restacking-inhibited 3D reduced graphene oxide for high performance supercapacitor electrodes [J]. ACS Nano, 2013, 7 (10): 9366-9374.

[19] HAO J N, LIAO Y Q, ZHONG Y Y, et al. Three-dimensional graphene layers prepared by a gas-foaming method for supercapacitor applications [J]. Carbon, 2015, 94: 879-887.

[20] JUNG S M, MAFRA D L, LIN C T, et al. Controlled porous structures of graphene aerogels and their effect on supercapacitor performance [J]. Nanoscale, 2015, 7 (10): 4386-4393.

[21] WANG D W, LI F, ZHAO J P, et al. Fabrication of graphene/polyaniline composite paper via in situ anodic electropolymerization for high-performance flexible electrode [J]. ACS Nano, 2009, 3 (7): 1745-1752.

[22] YANG M H, LEE K G, LEE S J, et al. Three-dimensional expanded graphene-metal oxide film via solid-state microwave irradiation for aqueous asymmetric supercapacitors [J]. ACS Applied Materials & Interfaces, 2015, 7 (40): 22364-22371.

[23] XIONG Z Y, LIAO C L, HAN W H, et al. Mechanically tough large-area hierarchical porous graphene films for high-performance flexible supercapacitor applications [J]. Advanced Materials, 2015, 27 (30): 4469-4475.

[24] LU X J, DOU H, GAO B, et al. A flexible graphene/multiwalled carbon nanotube film as a high performance electrode material for supercapacitors [J]. Electrochimica Acta, 2011, 56 (14): 5115-5121.

[25] WU J J, LIU M J, SHARMA P P, et al. Incorporation of nitrogen defects for efficient reduction of CO_2 via two-electron pathway on three-dimensional graphene foam [J]. Nano Letters, 2016, 16 (1): 466-470.

[26] LIM R J, XIE M S, SK M A, et al. A review on the electrochemical reduc-

tion of CO_2 in fuel cells, metal electrodes and molecular catalysts [J]. Catalysis Today, 2014, 233: 169-180.

[27] SCHLOGL R. HETEROGENEOUS catalysis [J]. Angewandte Chemie International Edtion, 2015, 54 (11): 3465-3520.

[28] QIAO J L, LIU Y Y, HONG F, et al. A review of catalysts for the electroreduction of carbon dioxide to produce low-carbon fuels [J]. Chemical Society Reviews, 2014, 43 (2): 631-675.

[29] ALBO J, ALVAREZ-GUERRA M, CASTANO P, et al. Towards the electrochemical conversion of carbon dioxide into methanol [J]. Green Chemistry, 2015, 17 (4): 2304-2324.

[30] SCHNEIDER J, JIA H, MUCKERMAN J T, et al. Thermodynamics and kinetics of CO_2, CO, and H^+ binding to the metal centre of CO_2 reduction catalysts [J]. Chemical Society Reviews, 2012, 41 (6): 2036-2051.

[31] BENSON E E, KUBIAK C P, SATHRUM A J, et al. Electrocatalytic and homogeneous approaches to conversion of CO_2 to liquid fuels [J]. Chemical Society Reviews, 2009, 38 (1): 89-99.

[32] KONDRATENKO E V, Mul G, BALTRUSAITIS J, et al. Status and perspectives of CO_2 conversion into fuels and chemicals by catalytic, photocatalytic and electrocatalytic processes [J]. Energy & Environmental Science, 2013, 6 (11): 3112-3135.

[33] JHONG H R M, MA S C, KENIS P J. Electrochemical conversion of CO_2 to useful chemicals: current status, remaining challenges, and future opportunities [J]. Current Opinion in Chemical Engineering, 2013, 2 (2): 191-199.

[34] APPLE A M, BERCAW J E, BOCARSLY A B, et al. Frontiers, opportunities and challenges in biochemical and chemical catalysis of CO_2 fixation [J]. Chemical Reviews, 2013, 113 (8): 6621-6658.

[35] COSTENTIN C, ROBERT M, SAVEANT J M. Catalysis of the electrochemical reduction of carbon dioxide [J]. Chemical Society Reviews,

2013, 42 (6): 2423-2436.

[36] HSIEH Y C, SENANAYAKE S D, ZHANG Y, et al. Effect of chloride anions on the synthesis and enhanced catalytic activity of silver nanocoral electrodes for CO_2 electroreduction [J]. ACS Catalysis, 2015, 5 (9): 5349-5356.

[37] KIM H, JEON H S, JEE M S, et al. Contributors to enhanced CO_2 electroreduction activity and stability in a nanostructured Au electrocatalyst [J]. Chemsuschem, 2016, 9 (16): 2097-2102.

[38] KIM K S, KIM W J, LIM H K, et al. Tuned chemical bonding ability of Au at grain boundaries for enhanced electrochemical CO_2 reduction [J]. ACS Catalysis, 2016, 6 (7): 4443-4448.

[39] KORTLEVER R, PETERS I, KOPER S, et al. Electrochemical CO_2 reduction to formic acid at low overpotential and with high faradaic efficiency on carbon-supported bimetallic Pd-Pt nanoparticles [J]. ACS Catalysis, 2015, 5 (7): 3916-3923.

[40] MISTRY H, RESKE R, ZENG Z, et al. Exceptional size-dependent activity enhancement in the electroreduction of CO_2 over Au nanoparticles [J]. Journal of the American Chemical Society, 2014, 136 (47): 16473-16476.

[41] LI F W, CHEN L, XUE M Q, et al. Towards a better Sn: efficient electrocatalytic reduction of CO_2 to formate by Sn/SnS_2 derived from SnS_2 nanosheets [J]. Nano Energy, 2017, 31: 270-277.

[42] WU J J, SUN S G, ZHOU X D. Origin of the performance degradation and implementation of stable tin electrodes for the conversion of CO_2 to fuels [J]. Nano Energy, 2016, 27: 225-229.

[43] KAS R, HUMMADI K K, KORTLEVER R, et al. Three-dimensional porous hollow fibre copper electrodes for efficient and high-rate electrochemical carbon dioxide reduction [J]. Nature Communications, 2016, 7: 10748.

[44] RESKE R, MISTRY H, BEHAFARID F, et al. Particle size effects in the

catalytic electroreduction of CO_2 on Cu nanoparticles [J] . Journal of the American Chemical Society, 2014, 136 (19): 6978-6986.

[45] FU Y S, LI Y N, ZHANG X, et al. Electrochemical CO_2 reduction to formic acid on crystalline SnO_2 nanosphere catalyst with high selectivity and stability [J] . Chinese Journal of Catalysis, 2016, 37 (7): 1081-1088.

[46] GAO S, JIAO X C, SUN Z T, et al. Ultrathin Co_3O_4 layers realizing optimized CO_2 electroreduction to formate [J] . Angewandte Chemie International Edtion, 2016, 55 (2): 698-702.

[47] GAO S, SUN Z T, LIU W, et al. Atomic layer confined vacancies for atomic-level insights into carbon dioxide electroreduction [J] . Nature Communications, 2017, 8: 14503.

[48] LEE S, OCON J D, SON Y I, et al. Alkaline CO_2 electrolysis toward selective and continuous $HCOO^-$ production over SnO_2 nanocatalysts [J] . Journal of Physical Chemistry C, 2015, 119 (9): 4884-4890.

[49] LI F W, CHEN L, KNOWLES G P, et al. Hierarchical mesoporous SnO_2 nanosheets on carbon cloth: a robust and flexible electrocatalyst for CO_2 reduction with high efficiency and selectivity [J] . Angewandte Chemie International Edtion, 2017, 56 (2): 505-509.

[50] AASDI M, KUMAR B, BEHRANGINIA A, et al. Robust carbon dioxide reduction on molybdenum disulphide edges [J] . Nature Communications, 2014, 5: 4470.

[51] ZHANG G, LU W, CAO F, et al. N-doped graphene coupled with Co nanoparticles as an efficient electrocatalyst for oxygen reduction in alkaline media [J] . Journal of Power Sources, 2016, 302: 114-125.

[52] SREEKANTH N, NANRULLA M A, VINEESH T V, et al. Metal-free boron-doped graphene for selective electroreduction of carbon dioxide to formic acid/formate [J] . Chemical Communications, 2015, 51 (89): 16061-16064.

[53] ROGERS C, PERKINS W S, VEBER G, et al. Synergistic enhancement of electrocatalytic CO_2 reduction with gold nanoparticles embedded in functional graphene nanoribbon composite electrodes [J]. Journal of the American Chemical Society, 2017, 139 (11): 4052-4061.

[54] ENSAFI A A, ALINAJAFI H A, REZAEI B. Pt-modified nitrogen doped reduced graphene oxide: a powerful electrocatalyst for direct CO_2 reduction to methanol [J]. Journal of Electroanalytical Chemistry, 2016, 783: 82-89.

[55] LI Q, ZHU W L, FU J J, et al. Controlled assembly of Cu nanoparticles on pyridinic-N rich graphene for electrochemical reduction of CO_2 to ethylene [J]. Nano Energy, 2016, 24: 1-9.

[56] GEIOUSHY R A, KHALED M M, HAKEEM A S, et al. High efficiency graphene/Cu_2O electrode for the electrochemical reduction of carbon dioxide to ethanol [J]. Journal of Electroanalytical Chemistry, 2017, 785: 138-143.

[57] LI F W, ZHAO S F, CHEN L, et al. Polyethylenimine promoted electrocatalytic reduction of CO_2 to CO in aqueous medium by graphene-supported amorphous molybdenum sulphide [J]. Energy & Environmental Science, 2016, 9 (1): 216-223.

[58] LIU X, ZHU L S, WANG H, et al. Catalysis performance comparison for electrochemical reduction of CO_2 on Pd-Cu/graphene catalyst [J]. RSC Advances, 2016, 6 (44): 38380-38387.

[59] ZHU Q G, MA J, KANG X C, et al. Electrochemical reduction of CO_2 to CO using graphene oxide/carbon nanotube electrode in ionic liquid/acetonitrile system [J]. Science China Chemistry, 2016, 59 (5): 551-556.

[60] SARAVANAN K, GOTTLIEB E, KEITH J A. Nitrogen-doped nanocarbon materials under electroreduction operating conditions and implications for electrocatalysis of CO_2 [J]. Carbon, 2017, 111: 859-866.

[61] CHAI G L, GUO Z X. HIGHLY effective sites and selectivity of nitrogen-

doped graphene/CNT catalysts for CO_2 electrochemical reduction [J] . Chemical Science, 2016, 7 (2): 1268-1275.

[62] QIAO B, WANG A, YANG X, et al. Single-atom catalysis of CO oxidation using Pt_1/FeO_x [J] . Nature Chemistry, 2011, 3 (8): 634-641.

[63] ZHU C Z, FU S F, SHI Q R, et al. Single-atom electrocatalysts [J] . Angewandte Chemie International Edtion, 2017, 56 (45): 13944-13960.

[64] WU J J, YADAV R M, LIU M J, et al. Achieving highly efficient, selective, and stable CO_2 reduction on nitrogen-doped carbon nanotubes [J] . ACS Nano, 2015, 9 (5): 5364-5371.

[65] SUN S H, ZHANG G X, GAUQUELIN N, et al. Single-atom catalysis using Pt/graphene achieved through atomic layer deposition [J] . Scientific Reports, 2013, 3: 1775.

[66] YAN H, CHENG H, YI H, et al. Single-atom Pd (1) /graphene catalyst achieved by atomic layer deposition: remarkable performance in selective hydrogenation of 1, 3-butadiene [J] . Journal of the American Chemical Society, 2015, 137 (33): 10484-10487.

[67] LIU P X, ZHAO Y, QIN R X, et al. Photochemical route for synthesizing atomically dispersed palladium catalysts [J] . Science, 2016, 552: 797-801.

[68] DENG D H, CHEN X Q, YU L, et al. A single iron site confined in a graphene matrix for the catalytic oxidation of benzene at room temperature [J] . Science Advances, 2015, 1 (1500462): 1-9.

[69] YANG H B, HUNG S F, LIU S, et al. Atomically dispersed Ni (i) as the active site for electrochemical CO_2 reduction [J] . Nature Energy, 2018, 3 (2): 140-147.

[70] YANG X F, WANG A Q, QIAO B T, et al. Single-atom catalysts a new frontier in heterogeneous catalysis [J] . Accounts of Chemical Research, 2013, 46 (8): 1740-1748.

[71] SU P, IWASE K, NAKANISHI S, et al. Nickel-nitrogen-modified gra-

phene: an efficient electrocatalyst for the reduction of carbon dioxide to carbon monoxide [J]. Small, 2016, 12 (44): 6083-6089.

[72] JIANG K, SIAHROSTAMI S, AKEY A J, et al. Transition-metal single atoms in a graphene shell as active centers for highly efficient artificial photosynthesis [J]. Chem, 2017, 3: 1-11.

[73] ZHANG C H, YANG S Z, WU J J, et al. Electrochemical CO_2 reduction with atomic iron dispersed on nNitrogen-doped graphene [J]. Advanced Energy Materials, 2018, 1703487: 1-9.

[74] HUAN T N, RANJBAR N, ROUSSE G, et al. Electrochemical reduction of CO_2 catalyzed by Fe-N-C materials: a structure-selectivity study [J]. ACS Catalysis, 2017, 7 (3): 1520-1525.

[75] WANG X Q, CHEN Z, ZHAO X Y, et al. Regulation of coordination number over single Co sites: triggering the efficient electroreduction of CO_2 [J]. Angewandte Chemie International Edtion, 2018, 57 (7): 1944-1948.

[76] LI Y W, SU H B, CHAN S H, et al. CO_2 electroreduction performance of transition metal dimers supported on graphene: a theoretical study [J]. ACS Catalysis, 2015, 5 (11): 6658-6664.

[77] TRIPKOVIC V, VANIN M, KARAMAD M, et al. Electrochemical CO_2 and CO reduction on metal-functionalized porphyrin-like graphene [J]. Journal of Physical Chemistry C, 2013, 117 (18): 9187-9195.

[78] CHENG T, ZHANG Y Z, LAI W Y, et al. Stretchable Thin-Film Electrodes for Flexible Electronics with High Deformability and Stretchability [J]. Advanced Materials, 2015, 27 (22): 3349-3376.

[79] JOST K, STENGER D, PEREZ C R, et al. Knitted and screen printed carbon-fiber supercapacitors for applications in wearable electronics [J]. Energy & Environmental Science, 2013, 6 (9): 2698-2705.

[80] XIE B H, YANG C, ZHANG Z X, et al. Shape-tailorable graphene-based ultra-high-rate supercapacitor for wearable electronics [J]. ACS Nano, 2015, 9 (6): 5636-5645.

[81] CHOI C, LEE J A, CHOI A Y, et al. Flexible supercapacitor made of carbon nanotube yarn with internal pores [J]. Advanced Materials, 2014, 26 (13): 2059-2065.

[82] LEE C G, WEI X D, KYSAR J W, et al. Measurement of the elastic properties and intrinsic strength of monolayer graphene [J]. Science, 2008, 321 (5887): 385-388.

[83] BOOTH T J, BLAKE P, NAIR R R, et al. Macroscopic graphene membranes and their extraordinary stiffness [J]. Nano Letters, 2008, 8 (8): 2442-2446.

[84] LIU L L, NIU Z Q, ZHANG L, et al. Nanostructured graphene composite papers for highly flexible and foldable supercapacitors [J]. Advanced Materials, 2014, 26 (28): 4855-4862.

[85] ZOU Y Q, WANG S Y. Interconnecting carbon fibers with the in-situ electrochemically exfoliated graphene as advanced binder-free electrode materials for flexible supercapacitor [J]. Scientific Reports, 2015, 5: 11792.

[86] HUANG S Y, WU G P, CHEN C M, et al. Electrophoretic deposition and thermal annealing of a graphene oxide thin film on carbon fiber surfaces [J]. Carbon, 2013, 52: 613-616.

[87] QIAN H, KUCERMAK A R, GREENLAGH E S, et al. Multifunctional structural supercapacitor composites based on carbon aerogel modified high performance carbon fiber fabric [J]. ACS Applied Materials & Interfaces, 2013, 5 (13): 6113-6122.

[88] WU G P, WANG Y Y, LI D H, et al. Direct electrochemical attachment of carbon nanotubes to carbon fiber surfaces [J]. Carbon, 2011, 49 (6): 2152-2155.

[89] WANG S Y, DRYFE R A W. Graphene oxide-assisted deposition of carbon nanotubes on carbon cloth as advanced binder-free electrodes for flexible supercapacitors [J]. Journal of Materials Chemistry A, 2013, 1 (17): 5279-5283.

[90] ZHOU Q L, YE X K, WAN Z Q, et al. A three-dimensional flexible supercapacitor with enhanced performance based on lightweight, conductive graphene-cotton fabric electrode [J]. Journal of Power Sources, 2015, 296: 186-196.

[91] LIU W W, YAN X B, LANG J W, et al. Flexible and conductive nanocomposite electrode based on graphene sheets and cotton cloth for supercapacitor [J]. Journal of Materials Chemistry, 2012, 22 (33): 17245-17253.

[92] BAO L H, LI X D. Towards textile energy storage from cotton T-shirts [J]. Advanced Materials, 2012, 24 (24): 3246-3252.

[93] MENG Y N, ZHAO Y, HU C G, et al. All-graphene core-sheath microfibers for all-solid-state, stretchable fibriform supercapacitors and wearable electronic textiles [J]. Advanced Materials, 2013, 25 (16): 2326-2331.

[94] WANG Z, HAN Y, ZENG Y, et al. Activated carbon fiber paper with exceptional capacitive performance as a robust electrode for supercapacitors [J]. Journal of Materials Chemistry A, 2016, 4 (16): 5828-5833.

[95] TZENG S S, LIN Y H. Formation of graphitic rods in carbon/carbon composites reinforced with carbon nanotubes [J]. Carbon, 2013, 52: 617-620.

[96] ZHANG X Q, FAN X Y, YAN C, et al. Interfacial microstructure and properties of carbon fiber composites modified with graphene oxide [J]. ACS Applied Materials & Interfaces, 2012, 4 (3): 1543-1552.

[97] DENG C, JIANG J J, LIU F, et al. Effects of electrophoretically deposited graphene oxide coatings on interfacial properties of carbon fiber composite [J]. Journal of Materials Science, 2015, 50 (17): 5886-5892.

[98] CHEN J C, CHAO C G. Numerical simulation and experimental investigation for design of a carbon fiber tow pneumatic spreading system [J]. Carbon, 2005, 43 (12): 2514-2529.

[99] KLETT J W, EDIE D D. Flexible towpreg for the fabrication of high ther-

mal conductivity carbon/carbon composites [J]. Carbon, 1995, 33 (10):
1485-1503.

[100] WANG J Z, MANGA K K, BAO Q L, et al. High-yield synthesis of few-layer graphene flakes through electrochemical expansion of graphite in propylene carbonate electrolyte [J]. Journal of the American Chemical Society, 2011, 133 (23): 8888-8891.

[101] YAN R, WANG K, WANG C W, et al. Synthesis and in-situ functional-ization of graphene films through graphite charging in aqueous Fe_2 $(SO_4)_3$ [J]. Carbon, 2016, 107: 379-387.

[102] KOZBIAL A, Li Z T, CONAWAY C, et al. Study on the surface energy of graphene by contact angle measurements [J]. Langmuir, 2014, 30 (28): 8598-8606.

[103] HUANG J L, WANG J Y, WANG C W, et al. Hierarchical porous gra-phene carbon-based supercapacitors [J]. Chemistry of Materials, 2015, 27 (6): 2107-2113.

[104] ZHU Y W, MURALI S, STOLLER M D, et al. Carbon-based superca-pacitors produced by activation of graphene [J]. Science, 2011, 332 (6037): 1537-1541.

[105] PARVEZ K, WU Z S, LI R J, et al. Exfoliation of graphite into graphene in aqueous solutions of inorganic salts [J]. Journal of the American Chemical Society, 2014, 136 (16): 6083-6091.

[106] FENG H, WANG L, ZHAO L, et al. Constructing B and N separately co-doped carbon nanocapsules-wrapped Fe/Fe_3C for oxygen reduction re-action with high current density [J]. Physical Chemistry Chemical Phys-ics, 2016, 18 (38): 26572-26578.

[107] ABOUTALIBI S H, JALILI R, ESRAFILAZDEH D, et al. High-per-formance multifunctional graphene yarns: toward wearable all-carbon en-ergy storage textiles [J]. ACS Nano, 2014, 8 (3): 2456-2466.

[108] ZHU C, LIU T Y, QIAN F, et al. Supercapacitors based on three-dimen-

sional hierarchical graphene aerogels with periodic macropores [J]. Nano Letters, 2016, 16 (6): 3448-3456.

[109] YOU B, JIANG J H, Fan S J. Three-dimensional hierarchically porous all-carbon foams for supercapacitor [J]. ACS Applied Materials & Interfaces, 2014, 6 (17): 15302-15308.

[110] LEI Z B, Christov N, ZHAO X S. Intercalation of mesoporous carbon spheres between reduced graphene oxide sheets for preparing high-rate supercapacitor electrodes [J]. Energy & Environmental Science, 2011, 4 (5): 1866-1873.

[111] CHU S, MAJUMDAR A. Opportunities and challenges for a sustainable energy future [J]. Nature, 2012, 488 (7411): 294-303.

[112] DRESSELHAUS M S, THOMAS I L. Alternative energy technologies [J]. Nature, 2001, 414 (15): 332-414.

[113] BATURINA O A, LU Q, PADILLA M A, et al. CO_2 electroreduction to hydrocarbons on carbon-supported Cu nanoparticles [J]. ACS Catalysis, 2014, 4 (10): 3682-3695.

[114] GUO S, ZHAO S, GAO J, et al. Cu-CDots nanocorals as electrocatalyst for highly efficient CO_2 reduction to formate [J]. Nanoscale, 2017, 9 (1): 298-304.

[115] ZHOU L Q, LING C, JONES M, et al. Selective CO_2 reduction on a polycrystalline Ag electrode enhanced by anodization treatment [J]. Chemical Communications, 2015, 51 (100): 17704-17707.

[116] FIRET N J, SMITH W A. Probing the reaction mechanism of CO_2 electroreduction over Ag films via operando infrared spectroscopy [J]. ACS Catalysis, 2017, 7 (1): 606-612.

[117] GUPTA K, BERSANI M, Darr J A. Highly efficient electro-reduction of CO_2 to formic acid by nano-copper [J]. Journal of Materials Chemistry A, 2016, 4 (36): 13786-13794.

[118] VARELA A S, SAHRAIE N R, STEINBERG J, et al. Metal-doped ni-

trogenated carbon as an efficient catalyst for direct CO_2 electroreduction to CO and hydrocarbons [J]. Angewandte Chemie International Edtion, 2015, 54 (37): 10758-10762.

[119] QIU H J, ITO Y, CONG W T, et al. Nanoporous graphene with single-atom nickel dopants: an efficient and stable catalyst for electrochemical hydrogen production [J]. Angewandte Chemie International Edtion, 2015, 54 (47): 14031-14035.

[120] FEI H L, DONG J C, ARELLANO-JIMENEZ M J, et al. Atomic cobalt on nitrogen-doped graphene for hydrogen generation [J]. Nature Communications, 2015, 6: 8668.

[121] CHEN P Z, ZHOU T P, XING L L, et al. Atomically dispersed iron-nitrogen species as electrocatalysts for bifunctional oxygen evolution and reduction reactions [J]. Angewandte Chemie International Edtion, 2017, 56 (2): 610-614.

[122] CHEN Y J, JI S F, WANG Y G, et al. Isolated single iron atoms anchored on N-doped porous carbon as an efficient electrocatalyst for the oxygen reduction reaction [J]. Angewandte Chemie International Edtion, 2017, 56 (24): 6937-6941.

[123] WANG J Y, ZHANG H N, WANG C W, et al. Co-synthesis of atomic Fe and few-layer graphene towards superior ORR electrocatalyst [J]. Energy Storage Materials, 2018, 12: 1-7.

[124] LLOYD D, VAINAKKA T, RONKAINEA M, et al. Characterisation and application of the Fe (II) /Fe (III) redox reaction in an ionic liquid analogue [J]. Electrochimica Acta, 2013, 109: 843-851.

[125] BOCK R, WULF S E. Electrodeposition of iron films from an ionic liquid (ChCl/urea/$FeCl_3$ deep eutectic mixtures) [J]. Transactions of the IMF, 2013, 87 (1): 28-32.

[126] FRACKOWIAK E, TATSUMI K, SHIOYAMA H, et al. HOPG as a host for redox reactions with $FeCl_4^-$ in water medium [J]. Synthetic

Metals, 2013, 73: 27-32.

[127] YAO Y, ZHANG B Q, SHI J Y, et al. Preparation of nitrogen-doped carbon nanotubes with different morphologies from melamine formaldehyde resin [J]. ACS Applied Materials & Interfaces, 2015, 7 (13): 7413-7420.

[128] BUAN M E M, MUTHUSWAMY N, WALMSEY J C, et al. Nitrogen-doped carbon nanofibers for the oxygen reduction reaction: importance of the iron growth catalyst phase [J]. ChemCatChem, 2017, 9 (9): 1663-1674.

[129] YOSHIDA H, TAKEDA S, UCHIYAMA T, et al. Atomic-scale in-situ observation of carbon nanotube growth from solid state iron carbide nanoparticles [J]. Nano Letters, 2008, 8 (7): 2082-2086.

[130] BOI F S, MEDRANDA D, IVATURI S, et al. Peeling off effects in vertically aligned Fe_3C filled carbon nanotubes films grown by pyrolysis of ferrocene [J]. Journal of Applied Physics, 2017, 121 (24): 244302.

[131] HU Y, JENSEN J O, ZHANG W, et al. Hollow spheres of iron carbide nanoparticles encased in graphitic layers as oxygen reduction catalysts [J]. Angewandte Chemie International Edtion, 2014, 53 (14): 3675-3679.

[132] NIU Y L, HUANG X Q, HU W H. Fe_3C nanoparticle decorated Fe/N doped graphene for efficient oxygen reduction reaction electrocatalysis [J]. Journal of Power Sources, 2016, 332: 305-311.

[133] WANG C W, ZHAO Z, LI X F, et al. Three-dimensional framework of graphene nanomeshes shell/Co_3O_4 synthesized as superior bifunctional electrocatalyst for zinc-air batteries [J]. ACS Applied Materials & Interfaces, 2017, 9 (47), 41273-41283.

[134] JIANG W J, GU L, LI L, et al. Understanding the high activity of Fe-N-C electrocatalysts in oxygen reduction: Fe/Fe_3C nanoparticles boost the activity of Fe-N (x) [J]. Journal of the American Chemical Society, 2016, 138 (10): 3570-3578.

[135] WU J J, RISALVATO F G, SHARMA P P, et al. Electrochemical reduction of carbon dioxide on various metal electrodes in low-temperature aqueous $KHCO_3$ media [J]. Journal of the electrochemical Society, 1990, 137: 1772-1777.

[136] XU J Y, KAN Y H, HUANG R, et al. Revealing the origin of activity in nitrogen-doped nanocarbons towards electrocatalytic reduction of carbon dioxide [J]. ChemSusChem, 2016, 9 (10): 1085-1089.

[137] ZHOU J G, DUCHESNE P N, HU Y F, et al. Fe-N bonding in a carbon nanotube-graphene complex for oxygen reduction: an XAS study [J]. Physical Chemistry Chemical Physics, 2014, 16 (30): 15787-15791.

[138] MIEDEMA P S, VAN Schooneveld M M, BOGERD R, et al. Oxygen binding to cobalt and iron phthalocyanines as determined from in situ X-ray absorption spectroscopy [J]. Journal of Physical Chemistry C, 2011, 115 (51): 25422-25428.

[139] SANETUNTIKUL J, CHUAICHAM C, CHOI Y W, et al. Investigation of hollow nitrogen-doped carbon spheres as non-precious $Fe-N_4$ based oxygen reduction catalysts [J]. Journal of Materials Chemistry A, 2015, 3 (30): 15473-15481.

[140] FERRANDON M, KROPF A J, MYERS D J. Multitechnique characterization of a polyaniline-iron-carbon oxygen reduction catalyst [J]. Journal of Physical Chemistry C, 2012, 116 (30): 16001-16013.

[141] LIU W G, ZHANG L L, LIU X, et al. Discriminating catalytically active FeN_x species of atomically dispersed Fe-N-C catalyst for selective oxidation of the C-H bond [J]. Journal of the American Chemical Society, 2017, 139 (31): 10790-10798.

[142] ZHANG M L, WANG Y G, CHEN W X, et al. Metal (hydr) oxides@ polymer core-shell strategy to metal single-atom materials [J]. Journal of the American Chemical Society, 2017, 139 (32): 10976-10979.

[143] AAUMA M, HASHIMOTO K, HIRAMOTO M. Electrochemical reduc-

tion of carbon dioxide on various metal electrodes in low temperature a-
queous $KHCO_3$ media [J] . Journal of the electrochemical Society, 1990,
137 (6): 1772-1777.

[144] CHEN X Q, YU L, WANG S H, et al. Highly active and stable single i-
ron site confined in graphene nanosheets for oxygen reduction reaction [J]
. Nano Energy, 2017, 32: 353-358.

[145] GONG J L, ZHANG L, ZHAO Z J. Nanostructured materials for hetero-
geneous electrocatalytic CO_2 reduction and related reaction mechanisms
[J] . Angewandte Chemie International Edtion, 2017.

[146] YOON Y, HALL A S, SURENDRANATH Y. Tuning of silver catalyst me-
sostructure promotes selective carbon dioxide conversion into fuels [J] . Ange-
wandte Chemie International Edtion, 2016, 55 (49): 15282-15286.

[147] ROSEN J, HUTCHINGS G S, LU Q, et al. Mechanistic insights into the elec-
trochemical reduction of CO_2 to CO on nanostructured Ag surfaces [J] . ACS
Catalysis, 2015, 5 (7): 4293-4299.

[148] PARK J, LEE H, BAE Y E, et al. Dual-functional electrocatalyst derived
from iron-porphyrin-encapsulated metal-organic frameworks [J] . ACS
Applied Materials & Interfaces, 2017, 9 (34): 28758-28765.

[149] SCHULENBURG H, STANKOV S, SCHUNEMANN V, et al. Catalysts for
the oxygen reduction from heat-treated iron (III) tetramethoxyphenylporphyrin
chloride: structure and stability of active sites [J] . Journal of Physical Chemis-
try B, 2003, 107: 9034-9041.

[150] MILLER H A, BELLINI M, OBERHAUSER W, et al. Heat treated car-
bon supported iron (ii) phthalocyanine oxygen reduction catalysts: eluci-
dation of the structure-activity relationship using X-ray absorption spec-
troscopy [J] . Physical Chemistry Chemical Physics, 2016, 18 (48):
33142-33151.

[151] LI Y R, LIAO W L, LI Z B, et al. Building three-dimensional porous
nano-network for the improvement of iron and nitrogen-doped carbon oxy-

gen reduction electrocatalyst [J]. Carbon, 2017, 125: 640-648.

[152] QIAN Z J, HU Z W, ZHANG Z P, et al. Out-of-plane FeII-N$_4$ moiety modified Fe-N co-doped porous carbons as high-performance electrocatalysts for the oxygen reduction reaction [J]. Catalysis Science & Technology, 2017, 7 (18): 4017-4023.

[153] COSTENTIN C, DROUET S, ROBERT M, et al. A local proton source enhances CO$_2$ electroreduction to CO by a molecular Fe catalyst [J]. Science, 2012, 338: 90-94.

[154] CHOI J, BENEDETTI T M, JALILI R, et al. High performance Fe porphyrin/ionic liquid co-catalyst for electrochemical CO$_2$ reduction [J]. Chemistry-A European Journal, 2016, 22: 14158-14161.

[155] AMBRE R B, DANIEL Q, FAN T, et al. Molecular engineering for efficient and selective iron porphyrin catalysts for electrochemical reduction of CO$_2$ to CO [J]. Chemical Communications, 2016, 52 (100): 14478-14481.

[156] MOHAMED E A, ZAHRAN Z N, NARUTA Y. Efficient electrocatalytic CO$_2$ reduction with a molecular cofacial iron porphyrin dimer [J]. Chemical Communications, 2015, 51 (95): 16900-16903.

[157] MONDAL B, RANA A, SEN P, et al. Intermediates involved in the 2e$^-$/ 2H$^+$ reduction of CO$_2$ to CO by iron (0) porphyrin [J]. Journal of the American Chemical Society, 2015, 137 (35): 11214-11217.

[158] MAURIN A, ROBERT M. Catalytic CO$_2$ to CO conversion in water by covalently functionalized carbon nanotubes with a molecular iron catalyst [J]. Chemical Communications, 2016, 52 (81): 12084-12087.

[159] ZHAO P P, XU W, HUA X, et al. Facile synthesis of a N-doped Fe$_3$C@ CNT/porous carbon hybrid for an advanced oxygen reduction and water oxidation electrocatalyst [J]. Journal of Physical Chemistry C, 2016, 120 (20): 11006-11013.

[160] JIANG H L, YAO Y F, ZHU Y H, et al. Iron carbide nanoparticles en-

capsulated in mesoporous Fe-N-doped graphene-like carbon hybrids as efficient bifunctional oxygen electrocatalysts [J]. ACS Applied Materials & Interfaces, 2015, 7 (38): 21511-21520.

[161] BYON H R, SUNTIVICH J, SHAO-HORN Y. Graphene-based non-noble-metal catalysts for oxygen reduction reaction in acid [J]. Chemistry of Materials, 2011, 23 (15): 3421-3428.

[162] KIM D, RESASCO J, YU Y, et al. Synergistic geometric and electronic effects for electrochemical reduction of carbon dioxide using gold-copper bimetallic nanoparticles [J]. Nature Communications, 2014, 5: 4948.

[163] MA T Y, DAI S, JARONIEC M, et al. Metal-organic framework derived hybrid Co_3O_4-carbon porous nanowire arrays as reversible oxygen evolution electrodes [J]. Journal of the American Chemical Society, 2014, 136 (39): 13925-13931.

[164] LI C W, KANAN M W. CO_2 reduction at low overpotential on Cu electrodes resulting from the reduction of thick Cu_2O films [J]. Journal of the American Chemical Society, 2012, 134 (17): 7231-7234.

[165] CHEN Y, LI C W, KANAN M W. Aqueous CO_2 reduction at very low overpotential on oxide-derived Au nanoparticles [J]. Journal of the American Chemical Society, 2012, 134 (49): 19969-72.

附 录

缩写	英文名称	中文名称
[Bmim]FeCl$_4$	1-butyl-3-methylimidazolium tetrachloroferrate	1-丁基-3-甲基咪唑四氯化铁盐
vs.	versus	相对
SCE	Saturated Calomel Electrode	饱和甘汞电极
SHE	Standard Hydrogen Electrode	标准氢电极
HER	Hydrogen Evolution Reaction	析氢反应
OER	Oxygen Evolution Reaction	析氧反应
ORR	Oxygen Reduction Reaction	氧还原反应
N-G	N-doped Graphene	氮掺杂石墨烯
TEM	Transmission Electron Microscopy	透射电子显微镜
SEM	Scanning Electron Microscope	扫描电子显微镜
LSV	Linear Sweep Voltammetry	线性扫描
DFT	Density Functional Theory	密度泛函理论
B-G	B-doped Graphene	硼掺杂石墨烯
SACs	Single-Atom Catalysts	单原子催化剂
XRD	X-ray Diffractometer	X-射线衍射
XPS	X-rayPhotoelectron Spectroscopy	X射线光电子能谱
STEM	Scanning Transmission Electron Microscopy	扫描透射电子显微镜
EELS	Electron Energy Loss Spectroscopy	电子能量损失光谱
EDS	Energy Dispersive X-ray Spectroscopy	能力衍射X射线光谱
BET	Brunauer Emmett Teller	布鲁诺-埃梅特-特勒
FTIR	FourierTransformation Infrared Spectra	傅里叶变换红外光谱
GC	Gas Chromatograph	气相色谱
CV	CyclicVoltammetry	循环伏安
EIS	Electrochemical Impedance Spectroscopy	交流阻抗测试
GCD	Galvanostatic Charge Discharge	恒流充放电测试

缩写	英文名称	中文名称
FE	Faradaic Efficiency	法拉第效率
CF	Carbon Fiber	碳纤维
G/CF	Graphene/Carbon Fiber	石墨烯/碳纤维
bC	Bamboo CNT	竹节碳管
NPs	Nanoparticles	纳米粒子
XANES	X-rayAbsorption Near Edge Structure	X 射线吸收近边结构
TGA	Thermo Gravimetric Analysis	热重分析
SAED	Selected Area Electron Diffraction	选区电子衍射
M	Melamine	三聚氰胺
G–aC/CF	Concrete Carbon	混凝土碳
PP	Polypropylene	聚丙烯
Fe-N-G	Fe，N-doped Graphene	铁氮掺杂石墨烯
Fe-N/bC	Fe，N-doped bamboo CNTs	铁氮掺杂竹节碳管
EXAFS	Extended X-ray Absorption Fine Structure	X-射线吸收精细结构
FePc	Phthalocyanine iron	酞菁铁
FeTPP	Porphyrin Fe	卟啉铁
EELS	Electron Energy Loss Spectroscopy	电子能量损失谱
HRTEM	High-Resolution Transmission Electron Microscopy	高分辨透射电子显微镜
XAS	X-ray Absorption Spectroscopy	X-射线吸收光谱